高等学校新工科计算机类专业教材

Python 面向对象程序设计基础

主　编　杨　薇　杨天晴

副主编　全　智　李忠武　彭　革　杨黎东

西安电子科技大学出版社

内 容 简 介

Python 语言是当前最活跃的开发语言之一，在数据科学、Web 开发、服务器自动化运维及游戏领域都有着非常广泛的应用。尤其在数据科学领域，越来越多的数据科学家开始将 Python 语言作为主要的工具。

本书以 Windows 操作系统为平台，系统讲解 Python 3 的基础知识。全书共分 10 章，主要内容包括 Python 编程基础知识、Python 语言基础、Python 数字类型及基本运算、Python 字符串类型、Python 序列结构、Python 流程控制、Python 模块与函数、面向对象编程、错误和异常处理、Python 文件操作。

本书既保持体系合理、内容丰富、层次清晰、通俗易懂、图文并茂、易教易学的特色，又根据“夯实基础、面向应用、培养创新”的指导思想，加强了基础性、应用性和创新性，旨在提高大学生的 Python 面向对象程序设计应用能力，并为其学习后续课程打下扎实的基础。

本书可作为高等学校各专业面向对象程序设计基础课程的教材，也可作为 Python 入门学习的培训教材和学习参考书。

图书在版编目(CIP)数据

Python 面向对象程序设计基础 / 杨薇，杨天晴主编. —西安：西安电子科技大学出版社，2022.8 (2023.2 重印)
ISBN 978-7-5606-6493-4

Ⅰ. ①P…　Ⅱ. ①杨…　②杨…　Ⅲ. ①软件工具—程序设计　Ⅳ. ①TP311.561

中国版本图书馆 CIP 数据核字(2022)第 095617 号

策　　划　明政珠
责任编辑　明政珠　秦志峰
出版发行　西安电子科技大学出版社(西安市太白南路 2 号)
电　　话　(029)88202421　88201467　　邮　　编　710071
网　　址　www.xduph.com　　电子邮箱　xdupfxb001@163.com
经　　销　新华书店
印刷单位　咸阳华盛印务有限责任公司
版　　次　2022 年 8 月第 1 版　2023 年 2 月第 2 次印刷
开　　本　787 毫米×1092 毫米　1/16　印 张　11.5
字　　数　266 千字
印　　数　1001～4000 册
定　　价　30.00 元
ISBN 978 - 7 - 5606 - 6493 - 4 / TP
XDUP　6795001-2
如有印装问题可调换

前　言

Python 是一门免费、开源的跨平台高级动态编程语言。它支持命令式编程、函数式编程，完全支持面向对象程序设计。Python 语言语法简洁清晰，并且拥有大量功能强大的标准库和扩展库，可以帮助各领域的科研人员、策划师、管理人员等快速实现和验证自己的思路与创意。Python 用户可以把主要精力放在业务逻辑的设计与实现上，而不用过多考虑语言本身的细节，开发效率非常高。

Python 是一门快乐的语言，学习和使用 Python 也是一个快乐的过程。与 C 语言系列和 Java 等语言相比，Python 更加容易学习和使用，但这并不意味着可以非常轻松、愉快地掌握 Python。熟练掌握和运用 Python，仍需要经过大量的练习来锻炼用户的思维和熟悉 Python 编程模式，同时还需要经常关注 Python 社区优秀的代码以及各种扩展库的最新动态。当然，适当了解 Python 标准库以及扩展库的内部工作原理，对于编写正确而优雅的 Python 程序无疑有很大的帮助。

Python 是一门优雅的语言。Python 语法简洁清晰，并且提供了大量的内置对象和内置函数，编程模式非常符合人的思维方式和习惯。在有些编程语言中需要编写大量代码才能实现的功能，在 Python 中仅需要调用内置函数或内置对象即可实现。如果读者已有其他程序设计语言基础，那么在学习和使用 Python 时，注意不要把其他语言的编程习惯和风格带到 Python 中来，因为这不仅可能会使得代码变得非常冗余、繁琐，还可能会严重影响代码的运行效率。应该尽量尝试从最自然、最简洁的角度出发去思考和解决问题，这样才能写出更加优雅、更加纯正、更加 Pythonic 的代码。

本书按照以下编写原则进行编写：

（1）适应原则。Python 语言有自己独特的语法以及编程方式，与传统的 Java 语言、C 语言等有一些不同之处。编者试着从一个软件开发者的角度，在编程语言的大框架下，分析这些编程语言的细节差异，使读者能够很好地适应 Python 的学习。

（2）广泛原则。本书是编者教学经验的总结和提炼，书中内容覆盖范围广、内容新，既有面的铺开，又有点的深化，举例符合题意，使读者学习起来事半功倍。

（3）实用原则。本书采用的是当前最新的 Python 3 版本，能够准确、及时地反映这门语言发展的最新成果及趋势，使读者能够学到前沿的新技术。

本书从基础和实践两个层面引导读者学习 Python 语言，系统、全面地讨论了 Python 编程的思想和方法。第 1 章至第 5 章主要介绍了 Python 的基本知识以及理论基础。第 6 章、第 7 章详细介绍了 Python 编程的核心技术，着眼于控制语句与函数、模块和包，每一章节都提供了详细的 Python 程序实例，以便读者全面理解 Python 编程。第 8 章是程序开发的进阶，着重介绍了类和继承、抽象类、多继承等知识点，并针对每一个知识点给出了详细的例子。第 9 章具体介绍了程序开发中的调试及异常处理。第 10 章介绍了文件操作的重点知识。

为提升学习效果，书中结合实际应用提供了大量案例，并配以完善的学习资料和支持服务，包括教学 PPT、案例素材、源码等，为读者带来全方位的学习体验。读者可登录西安电子科技大学出版社官网（https://www.xduph.com/）下载相关资源。

本书得到了保山学院大数据学院李忠武院长主持的云南省教育厅教改项目“数据信息技术专业群建设”（JG2018226）的支持，在编写过程中还得到保山学院大数据学院领导的大力支持，在此表示衷心感谢。

由于作者水平有限，书中疏漏之处在所难免，敬请读者批评指正。

编　者

2022 年 1 月

目　　录

第 1 章　Python 编程基础知识

本章重点

1. Python 的历史与发展状况
2. Python 的开发环境搭建
3. Python 的基本语法结构
4. Python 的编码规则

本章难点

1. Python 的基本语法结构
2. Python 的编码规则

本章主要介绍 Python 的历史与发展现状，如何在 Windows 操作系统中搭建 Python 开发环境，以及 Python 的语法结构、编码规则。这些知识可以帮助读者快速入门，为学习后续章节奠定理论基础。

1.1　Python 概 述

1.1.1　Python 简介

Python 翻译成中文是巨蟒的意思，它是一种编程语言，于 1991 年正式发布。它的创造者 Guido van Rossum（吉多·范罗苏姆，是一名荷兰计算机程序员）给 Python 的定位是简单、明确、优雅，所以对初学者而言，Python 简单易懂、便于学习，经过深入学习还可以用于编写一些非常复杂的程序。

Python 语言是少有的一种可以称得上既简单又功能强大的编程语言。Python 编程的重点是解决问题，而不是语法与结构，非常适合完全没有编程经验的人学习。无论是想进入数据分析、人工智能、网站开发等专业领域，还是仅仅希望掌握一门编程语言，都可以从 Python 开始。

1. Python 解释器

Python 是一门跨平台的脚本语言，它有自己的语法规则，也有相应的 Python 解释器，常用的解释器有以下 3 个。

（1）CPython：最常用的 Python 版本，C 语言实现的 Python。

（2）Jython：Java 语言实现的 Python，直接调用 Java 的各种函数库。

（3）IronPython：.NET 和 ECMA CLI 实现的 Python，直接调用.NET 平台的各种函数库，可以将 Python 程序编译成.NET 程序。

2. Python 文件格式

Python 有两种常见的文件格式：.py 和.pyc。

（1）.py：Python 项目的源码。

（2）.pyc：字节文件，Python 中间编译结果，当程序中有 import ****这样的语句时才会产生.pyc。

注意：.pyc 文件可随时删除，当 Python 再次运行时，会重新生成.pyc 文件。.pyc 文件运行方式与.py 文件一样。

3. Python 现状

到目前为止，Python 已经诞生 30 余年，也经历了 30 多个版本的发展。2008 年年底 Python 3.0 版本发布，目前已更新至 Python 3.11 版本，中间还陆续发布了 Python 2.5、Python 2.7 等版本，本书使用 Python 3.7 版本进行讲解。这些版本之间存在着一定的联系，但也有差异，比如 Python 2.X 和 Python 3.X 就有明显的差异。Python 3.X 没有考虑向下兼容的问题，因此 Python 3.0 以下版本的程序都无法在 Python 3.0 以上的版本中运行。为了解决这个问题，实现 Python 3.0 以下版本的程序向 Python 3.X 的迁移，中间又开发了几个过渡版本，其中 Python 2.7 是比较经典的版本。对于初学者，建议直接安装 Python 3.0 以上的版本。

1.1.2　Python 特点

当我们因为 C 语言指针而晕头转向时，Python 的出现无疑可以让我们在编程时保持清醒的头脑，因为 Python 语言重点关注的不再是语法特性，而是程序所要实现的功能任务。

Python 语言具有很多富有创造性的特点。

1. 简单易读

Python 没有开始、结束、分号等标记，代码简洁，循环语句简化，程序结构清晰，易于阅读和理解。其保留字也很少，常见的保留字如表 1-1 所示。

表 1-1　Python 3.X 保留字说明

保留字	说　明
False	假
None	空
True	真
and	逻辑与操作
as	类型转换
assert	断言，判断变量或条件表达式值是否为真
break	跳出循环

续表

保留字	说　明
class	定义类
continue	循环语句，执行下一语句值
def	定义函数或方法
del	删除变量或序列的值
elif	与 if 和 else 结合使用，条件语句
else	与 if 和 elif 结合使用，条件语句的否则
except	捕获异常后的操作模块，与 try 和 finally 结合使用
for	for 循环语句
from	与 import 结合使用，用于导入模块
global	定义全局变量
if	条件语句，与 else、elif 结合使用
import	与 from 结合使用，用于导入模块
in	判断变量是否在序列中
is	判断某个变量是否为某个类的实例
lambda	定义匿名函数
nonlocal	在函数或者其他作用域中使用外层（非全局）变量
not	逻辑非操作
or	逻辑或操作
pass	空的类、函数或方法的占位符
raise	异常抛出操作
return	从函数返回计算结果
try	与 finally、except 结合使用，包含可能出现异常的语句
while	while 循环语句
with	简化 Python 语句
yield	从函数依次返回结果

可以用以下两种方法查看保留字：

（1）>>>import keyword　#导入 keyword 关键字库

（2）>>>keyword.kwlist　#利用 keyword 关键字库的 kwlist 属性列出所有关键字

2. 跨平台可移植性强

Python 程序稍作修改甚至不修改便可在 Linux、Windows、FreeBSD、Macintosh、Solaris、OS/2、Amiga、AROS、AS/400、BeOS、OS/390、z/OS、Palm OS、QNX、VMS、Psion、Acorn RISC OS、VxWorks、PlayStation、Sharp Zaurus、Windows CE、PocketPC 等平台上运行。

3. 具有动态性

Python 与 PHP、Ruby、ECMAScript（JavaScript）一样都属于动态语言。所谓动态语

言，就是在执行时能够改变其结构的语言，是高级程序设计语言的一个类别。Python 非常灵活，不需要声明变量，直接赋值即可创建新变量。例如定义一个 student（学生）类，初始属性有 name（姓名）和 age（年龄），代码如下：

```
class student():
    def __init__(self, name = None, age = None):
        self.name = name
        self.age = age
S = student("Jack", "12")
```

学生属性除了 name（姓名）和 age（年龄）外，应该还有 sex（性别），如果是动态语言，直接给 S 对象的 sex 属性赋值“male”就可以得到想要的结果，可如果是其他语言，这一步可能就会报错。

```
S.sex = "male"
```

运行上面的代码，输出 S.sex 的值，结果为 male，这就是动态给实例绑定属性。

所以动态语言可以在运行时引进新的函数、对象甚至代码，还可以删除已有的函数等其他结构上的变化。

4. 有健全的异常处理机制

Python 的异常处理机制能捕获程序异常情况，并且堆栈跟踪对象能找到出错的地方和出错的原因，帮助我们调试程序。

5. 具有面向对象特性

Python 执行面向对象编程的方式，简化了面向对象的实现，消除了保护类型、抽象类、接口等面向对象元素，使面向对象的概念更容易理解。Python 也支持面向过程、程序围绕着过程或者函数（可重复使用的程序片段）构建。

6. 具有可扩展性

Python 由 C 语言开发，可以使用 C 或 C++完成新模块、新类的添加，而 Python 程序可以完全调用它们，同时还可以嵌入到 C 或 C++的程序中。

7. 强大的库文件

Python 有非常完善的基础代码库，覆盖了网络、数据库、GUI、文件、文本等大量内容，被形象地称作“内置电池（batteries included）”。Python 标准库很大，它能够帮助用户完成许多工作，如文件传输协议（File Transfer Protocol，FTP）、数据库、正则表达式、单元测试、线程、网页浏览器、公共网关接口（Common Gateway Interface，CGI）、电子邮件、可扩展标记语言（Extensible Markup Language，XML）、图形用户界面（Graphical User Interface，GUI）等。除了这些基础代码库之外，Python 还有大量高质量的第三方库，是共享资源，用户可以通过 Python 包索引找到这些库文件。

1.1.3 Python 发展前景

虽然 Java 有众多追随者，但是 Python 的语法特点使程序设计更轻松，编写的代码比

Java 可读性更强，其发展速度迅猛。2017 年年底山东省的小学信息技术六年级教材加入 Python 内容，小学生开始接触 Python 语言。从 2018 年起，浙江省信息技术教材不再使用晦涩难懂的 VB 语言，而是改用更简单易懂的 Python 语言。也许 Python 将会被纳入高考内容。从 2018 年起，Python 被列入全国计算机等级考试范围。2021 年 PYPL（Popularity of Programming Language）发布的编程语言指数榜显示，Python 依然占据榜首，如图 1-1 所示。

Worldwide, May 2021 compared to a year ago:

Rank	Change	Language	Share	Trend
1		Python	29.9 %	-1.2 %
2		Java	17.72 %	-0.0 %
3		JavaScript	8.31 %	+0.4 %
4		C#	6.9 %	-0.1 %
5	↑	C/C++	6.62 %	+0.9 %
6	↓	PHP	6.15 %	+0.1 %
7		R	3.93 %	+0.0 %
8		Objective-C	2.52 %	+0.1 %
9		Swift	1.96 %	-0.2 %
10	↑	TypeScript	1.89 %	+0.0 %
11	↓	Matlab	1.71 %	-0.2 %
12		Kotlin	1.62 %	+0.1 %
13	↑	Go	1.42 %	+0.1 %
14	↓	VBA	1.33 %	-0.0 %
15	↑↑↑	Rust	1.13 %	+0.4 %
16	↓	Ruby	1.12 %	-0.1 %
17	↑↑↑↑↑↑↑↑	Ada	0.72 %	+0.3 %
18	↓	Visual Basic	0.7 %	-0.2 %
19	↓↓↓	Scala	0.67 %	-0.4 %
20	↓	Abap	0.61 %	+0.1 %

图 1-1　PYPL 编程语言指数榜

1.2　Python 开发环境搭建

Python 可以在不同的平台上安装和开发，比如 Linux/UNIX、Windows、macOS 等。本节重点介绍在 Windows 上安装部署 Python 的方法、Python 的集成开发环境 PyCharm 以及 Jupyter Notebook 的安装和使用。

在 Windows 平台中安装 Python 开发环境的方法不止一种，其中最受欢迎的有两种：第一种是通过 Python 官网下载 Windows 对应系统版本的 Python 安装程序，第二种则是通过 Anaconda 安装。

1.2.1　通过 Python 官网下载和安装 Python

1. 下载安装程序

进入 Python 官网，按以下步骤下载所需版本的 Python 并安装程序。

步骤 01：在【Downloads】下拉列表中单击【Windows】选项，如图 1-2 所示。

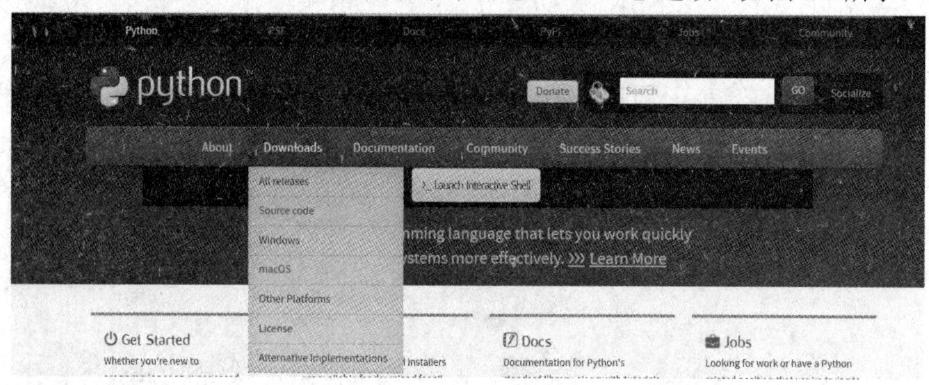

图 1-2　Python 官网

步骤 02：打开 Windows 各版本下载页面，如图 1-3 所示。

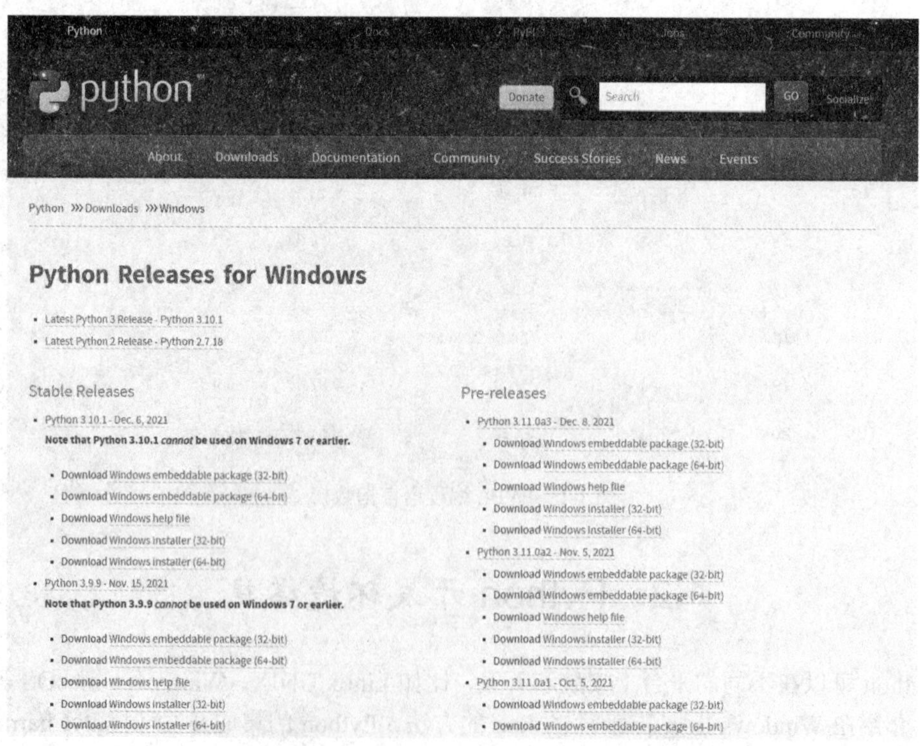

图 1-3　Python 的 Windows 各版本下载页面

从图 1-3 中我们可以看出 Python 的版本非常多，目前最新的版本是 3.11 版本。

步骤 03：先确认自己的系统是 32 位还是 64 位，再下载相应的 Python 版本，在此我们选择 Python 3.7.8（64-bit）Setup 版本，下载完成后便可以开始安装。

2. 安装 Python

下载好 Python 安装程序后，按以下步骤安装即可。

步骤 01：双击 Python 安装程序文件，打开【Python 3.7.8（64-bit）Setup】安装窗口，单击【Install Now】选项，选择快速模式安装，并勾选【Add Python 3.7 to PATH】选项，如图 1-4 所示。

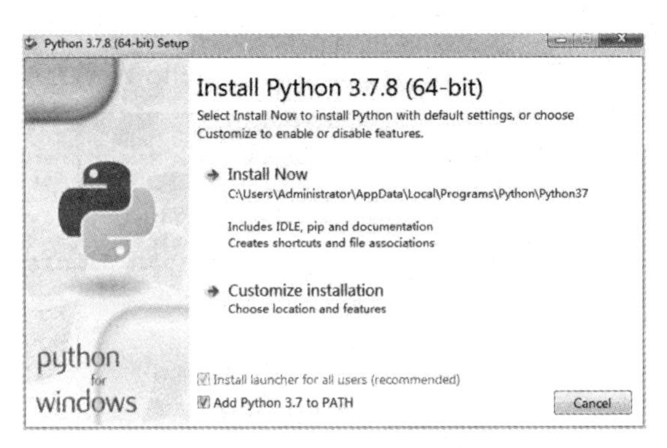

图 1-4　Python 安装模式选择

步骤 02：系统开始自动安装，如图 1-5 所示。安装完成后单击【Close】按钮，关闭窗口，如图 1-6 所示。

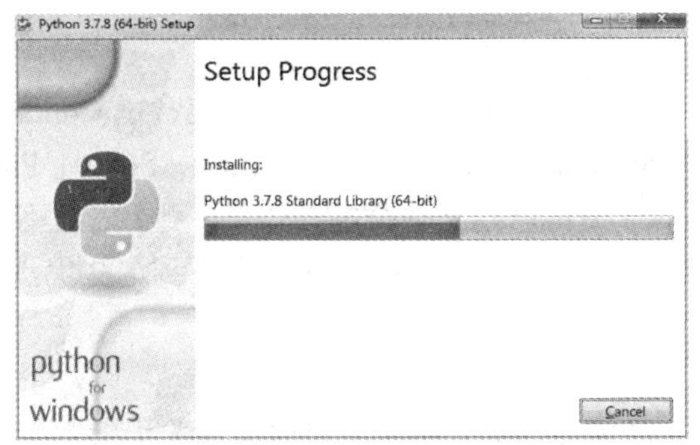

图 1-5　正在安装

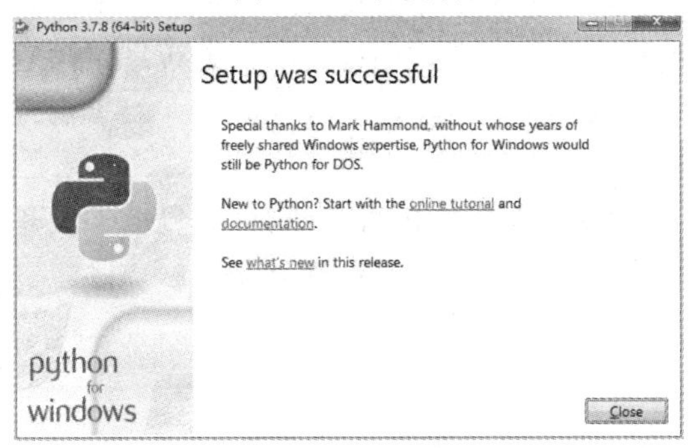

图 1-6　安装成功

3. 运行 Python

步骤 01：单击【开始】→【所有程序】→【Python 3.7】，如图 1-7 所示。

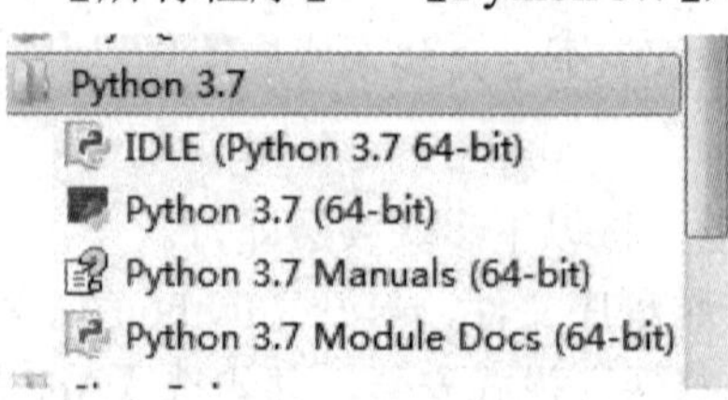

图 1-7 Python3.7 开始菜单

步骤 02：单击【IDLE（Python 3.7 64-bit）】选项，打开【Python 3.7.8 Shell】窗口，输入“print("Hello World!")”，按【Enter】键，打印出“Hello World!”，如图 1-8 所示。

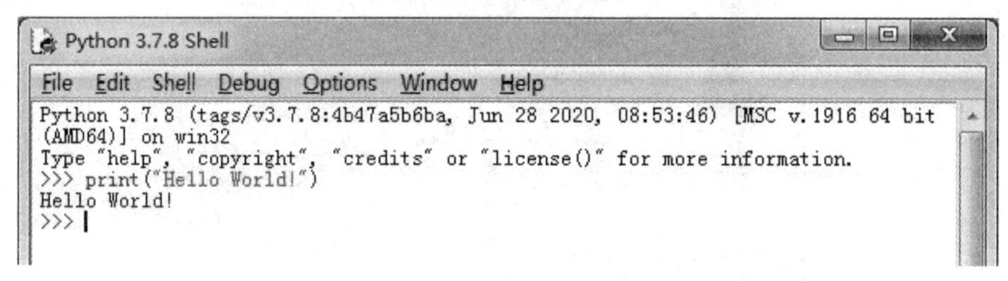

图 1-8 输出“Hello World!”

到此为止，Python 3.7 在 Win 7 操作系统下的安装全部完成。

1.2.2 通过 Anaconda 安装 Python

1. Anaconda 介绍

Anaconda 是专注于数据分析的 Python 发行版本，包含了 Conda、Python 等一大批科学包及其依赖包。在安装 Anaconda 时预先集成了 NumPy、SciPy、Pandas、scikit-lcarn 等数据分析常用包。在 Anaconda 中可以建立多个虚拟环境，用于隔离不同项目所需的不同版本的工具包，以防止版本冲突，直接安装 Python 是体会不到这些优点的。

Anaconda 的优点：

（1）省时省心。

普通 Python 环境中，经常会遇到安装工具包时出现关于版本或者依赖包的一些错误提示。但是在 Anaconda 中，这种问题极少存在。Anaconda 通过管理工具包、开发环境、Python 版本，大大简化了工作流程，不仅可以方便地安装、更新、卸载工具包，而且在安装时还可以自动安装相应的依赖包。

（2）分析利器。

Anaconda 是适用于企业级大数据的 Python 工具，其包含了众多与数据科学相关的开源包，涉及数据可视化、机器学习、深度学习等多个方面。

2. Anaconda 安装

Anaconda 的安装步骤如下：

步骤 01：访问 Anaconda 官网，选择适合自己的版本下载，本文选择开源的个人版本，如图 1-9 所示。

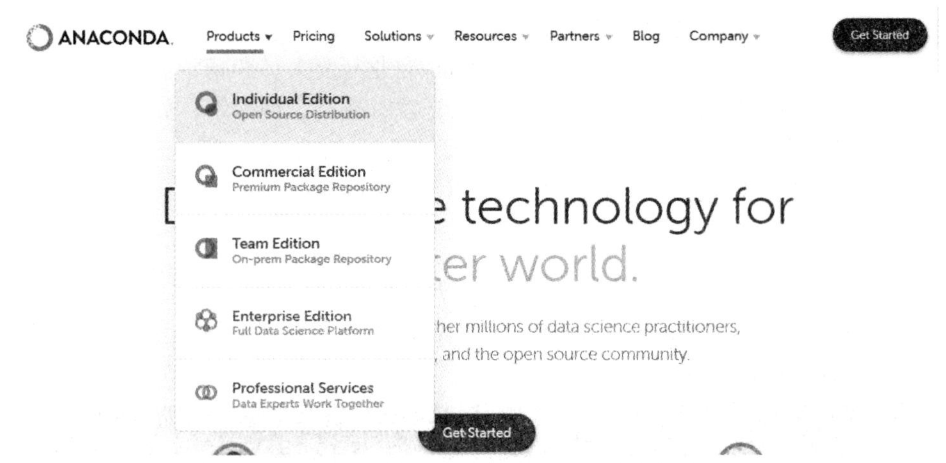

图 1-9　Anacanda 的 Individual Edition（个人版本）

步骤 02：Anaconda 将根据本机器推荐合适的版本进行下载，如图 1-10 所示。

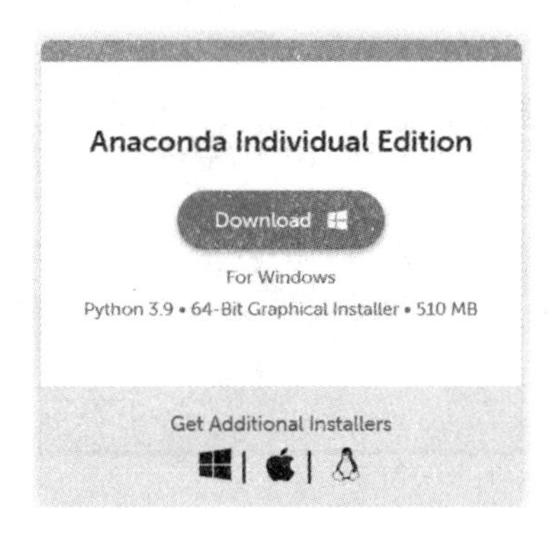

图 1-10　推荐的 Anaconda 版本

步骤 03：下载完成后即可根据安装提示进行软件的安装，安装完成后的软件如图 1-11 所示。

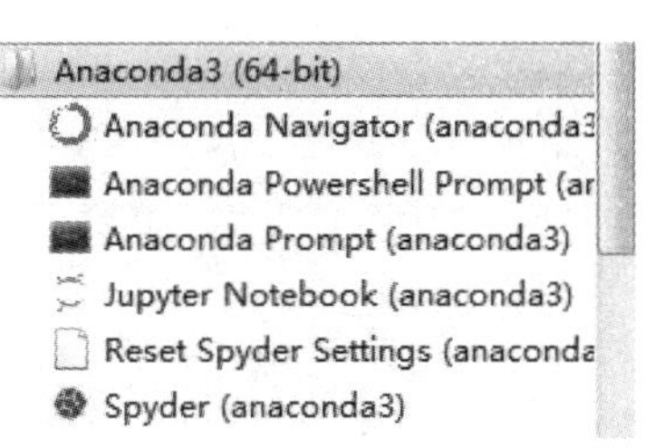

图 1-11　Anacanda 的开始菜单

Anaconda 安装完成后，Python 的开发环境就搭建好了，然后就可以使用 Python 来开发程序。

1.2.3　集成开发环境 PyCharm

在 1.2.1 小节中提到，Python 安装完成后，单击【开始】→【所有程序】→【Python 3.7】→【IDLE（Python 3.7 64-bit）】，就可以打开【Python 3.7.8 Shell】窗口。但这只适合快速简

单代码的开发模式，并不适合大型复杂程序的开发。

“工欲善其事，必先利其器”，作为 Python 专业开发人员和初学者都青睐的集成开发环境，PyCharm 有一整套工具可以帮助用户在开发时提高工作效率，如语法高亮、智能提示、项目管理、单元测试、版本控制等。此外，它还支持 Django 框架下的专业 Web 开发，而且支持多种平台（Windows/macOS/Linux）。

1. PyCharm 安装过程

我们以 Windows 系统为例讲解 PyCharm 的安装过程。

步骤 01：进入 PyCharm 官网，单击【DOWNLOAD】按钮，下载开源的教育版本安装包“pycharm-edu.exe”，如图 1-12 所示。

图 1-12　PyCharm Edu 版本

步骤 02：双击安装包，打开欢迎窗口，单击【Next>】按钮，如图 1-13 所示。

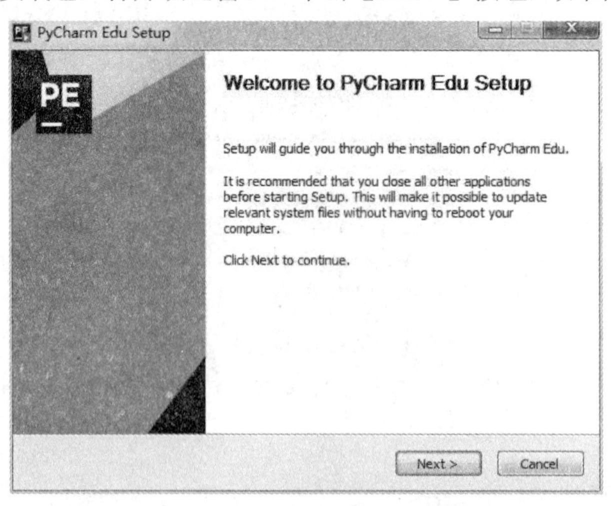

图 1-13　PyCharm Edu 欢迎窗口

步骤 03：在【Choose Install Location】窗口中单击【Browse...】按钮，选择安装路径，然后单击【Next>】按钮，如图 1-14 所示。

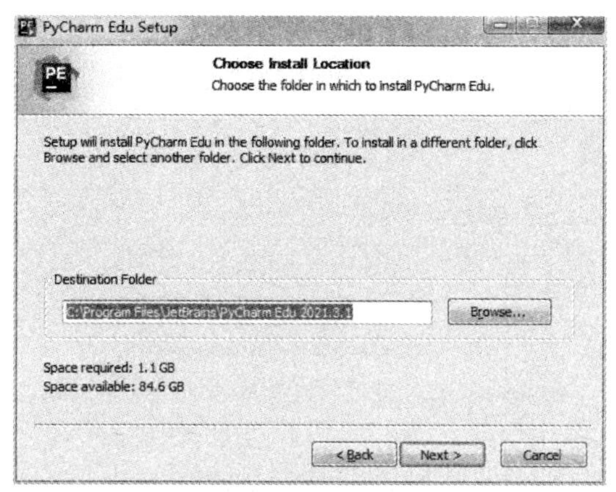

图 1-14　安装路径选择

步骤 04：在【Installation Options】窗口中勾选【Add launchers dir to the PATH】和【.py】两个复选框，然后单击【Next>】按钮，如图 1-15 所示。

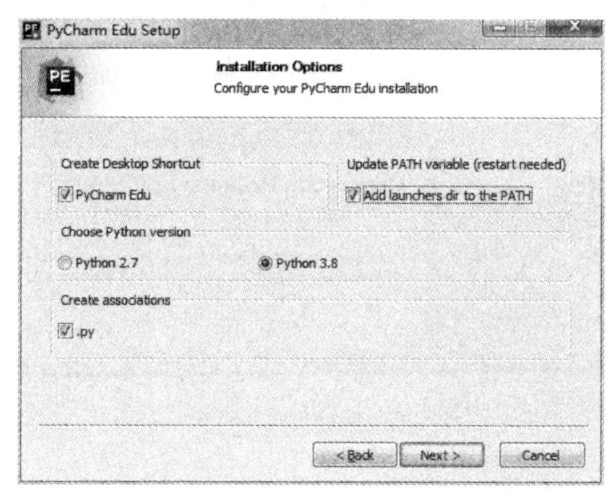

图 1-15　安装选项设置

步骤 05：在【Choose Start Menu Folder】窗口中设置 PyCharm 位于开始菜单里的名称，这里保持默认，单击【Install】按钮，如图 1-16 所示。

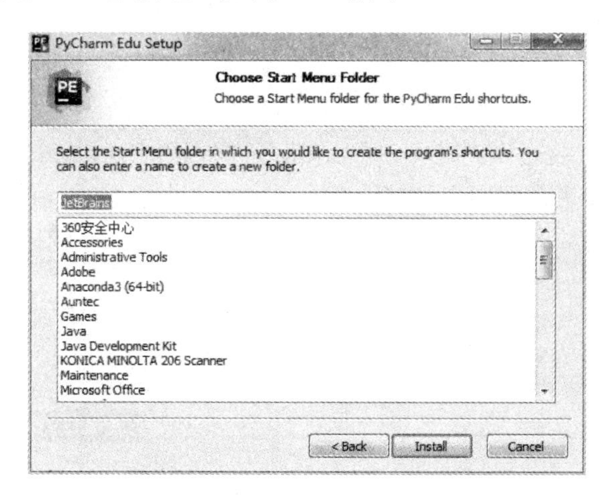

图 1-16　【Choose Start Menu Floder】窗口

步骤 06：显示安装进度，如图 1-17 所示。

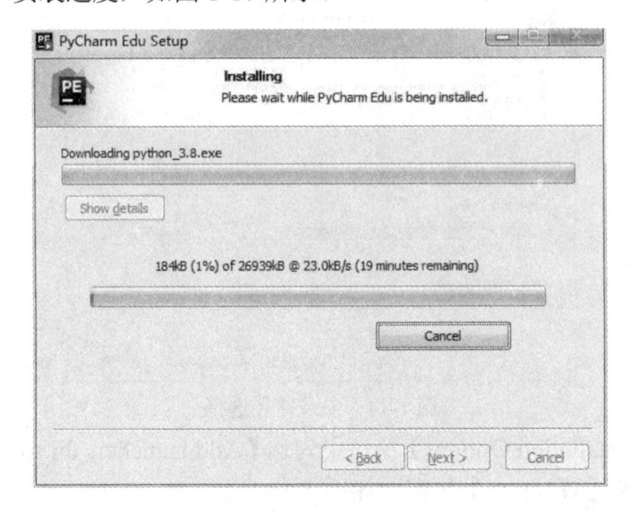

图 1-17　安装进度

步骤 07：安装完成后单击【Finish】按钮，结束安装，如图 1-18 所示。

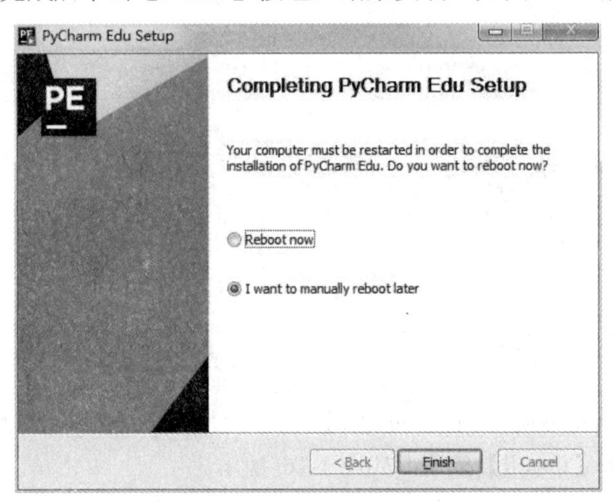

图 1-18　安装完成窗口

2. 配置 PyCharm，设置关联 Python 或者 Anaconda

完成 PyCharm 的安装之后，启动 PyCharm。首次使用 PyCharm 时，系统会询问用户是否导入之前的设置，如果是新用户直接选择不导入，如图 1-19 所示。

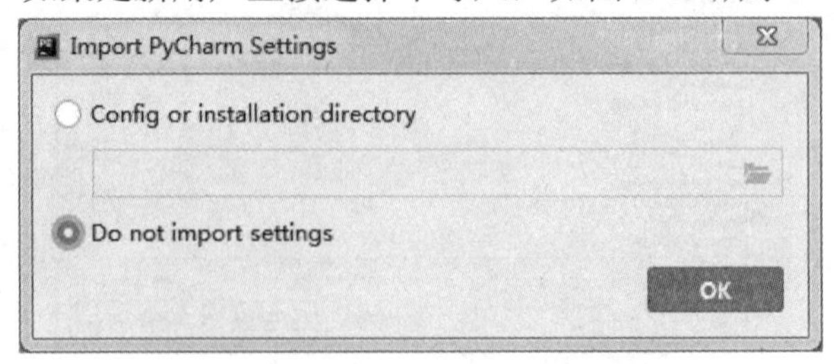

图 1-19　是否导入之前的设置界面

单击【OK】按钮后，系统会提示用户创建一个项目，如图 1-20 所示。

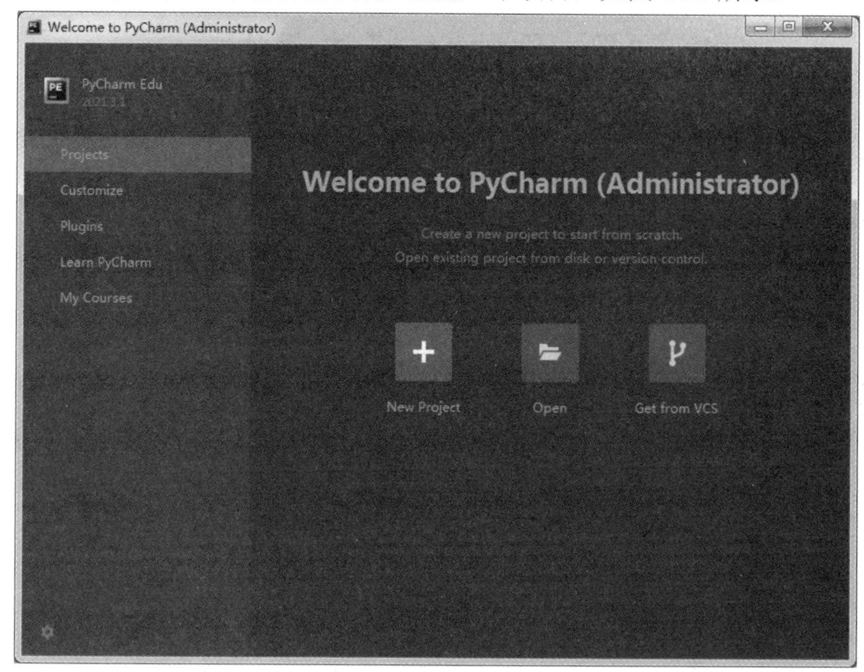

图 1-20　创建项目窗口

单击【New Project】后创建一个新项目，项目中需要配置 Python 解释器，本例我们选择关联 Python，如图 1-21 所示。

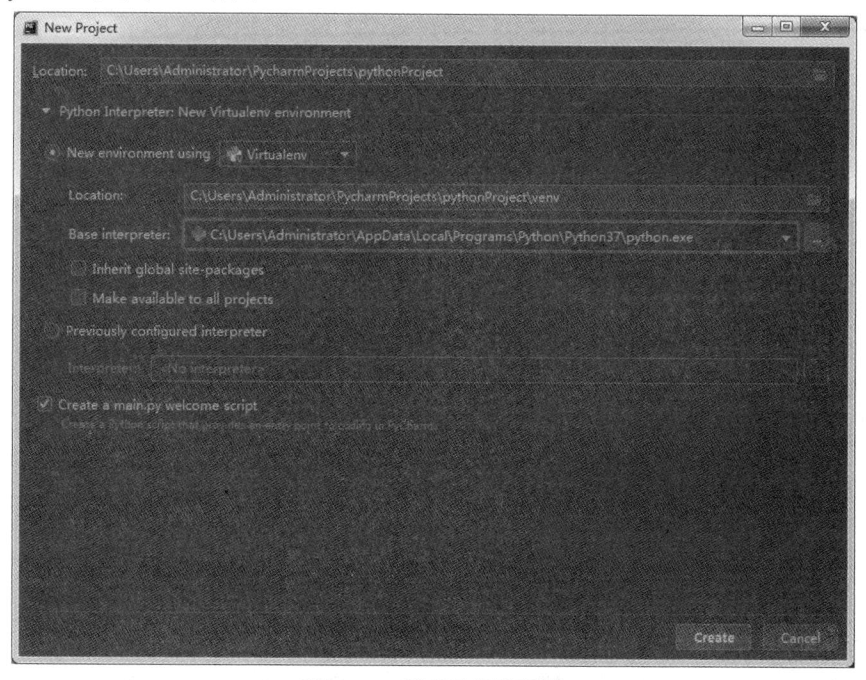

图 1-21　新项目环境配置

添加完解释器后，就已经关联上 Python 了，就可以使用 PyCharm 运行 Python 程序了。如果要关联 Anaconda，需要手动找到 Anaconda 的安装路径并进行选择。

1.3 Python 基本语法

Python 的目标是让代码具备高度的可阅读性，在设计时尽量使用其他语言经常使用的标点符号和英文单词，因此与 Java、C、Perl 等语言有许多相似之处，但也存在一些差异。本节将介绍 Python 的基础语法，为后续编程学习打下基础。

每种开发语言都有自己的编码规则，Python 也一样，包括命名规则、书写规则、注释规则等。Python 文件采用 UTF-8 编码，文件头部加入“#-*-coding:utf-8-*-”标识。本节将重点介绍 Python 中常用的编码规则。

1. 命名规则

命名规则是一种书写习惯，Python 的命名规则可以借鉴 Java。为提高程序可读性，命名要有意义，不能使用 Python 保留字。命名的标识符数字不能做开头，其组成可以是字母、下划线和数字。

注意：Python 中字母要区分大小写。

下面介绍一些常用的命名规则。

1) 包名、模块名

包名和模块名应简短，尽量使用小写命名，不要用下划线，如果词量大可以加入下划线增强可读性，如“mymodule”这样的命名就是允许的，而“Mymodule”这样的命名方式则不推荐。

2) 类名、对象名、属性名、方法名

类名首字母要大写，私有类可用一个下划线开头，其他字母小写。对象名全采用小写字母。类的属性和方法名以对象作为前缀，对象通过“.”访问属性和方法。方法名首字母小写，其他单词首字母大写，使用“self”作为实例方法的第一个参数。具体参考实例如下：

```
class Student:                   # 类名 Student 首字母大写
    ...
    def __init__(self,name)      # 使用“self”作为实例方法的第一个参数
        ...
    def getName(def)             # 方法名 getName 首字母小写，其他单词首字母大写
        ...
student = Student（"delphi"）    # 对象名 student 小写
print student.getName( )         # 对象通过“.”访问方法
```

3) 函数名

函数名通常小写，可以用下划线或单词首字母大写增加可读性，导入的函数以模块名为前缀。如果一个函数的参数名称和保留的关键字冲突，通常使用一个后缀下划线，如 myfunction 可写作 my_function。

4) 变量名、常量名

很多开发人员对变量名的命名很随意，常用 i、j、k 等单个字母命名，可读性差。变量名的命名也有一定的规范，变量名应全部小写，用下划线连接各个单词，如 school_name。私有类成员变量使用单一下划线前缀标识，如_name。

常量名的所有字母都要大写，可用下划线连接各个单词，如：MAX_OVERFLOW、TOTAL。

2. 缩进、冒号、空格、空行

Python 中不用 begin…end 或者大括号来分隔代码块，而是用代码缩进和冒号来区分代码层次结构。使用编码器可以实现缩进及添加冒号的功能，最好不要使用 Tab 键，更不能混合使用 Tab 键和空格。每行代码最好不超过 80 个字符。

在 Python 编码中空格的使用也很常见，一般在运算符（=、-、+=、==、>、in、is not、and）两边各加一个空格。在逗号、冒号、分号及各种右括号前，函数和序列的左括号前，则不要加空格。

空行不是 Python 语法的一部分，即使不空行 Python 解释器也不会报错，但空行便于以后代码的维护。一般模块级函数和类定义之间空两行；类成员函数之间空一行；分隔多组相关的函数可以使用多个空行；函数中可以使用空行分隔出逻辑相关的代码。

3. 模块导入规范（import）

import 语句应该放在文件头部，每组之间用一个空行分隔，分行书写。模块的导入可以用“import”和“from…import…”两种方式完成。它们的区别在于前者导入一个模块，相当于导入的是一个文件夹，是个相对路径。后者导入了一个模块中的一个函数，相当于导入的是一个文件夹中的文件，是个绝对路径。

4. 注释

注释是代码的一部分，是对代码的说明，对后续代码维护也有好处。Python 可以对一行代码进行注释，也可以对一段代码进行注释。Python 中使用#表示单行注释。单行注释可以作为单独的一行放在被注释代码行之上，也可以放在语句或表达式之后。

当单行注释作为单独的一行放在被注释代码行之上时，为了保证代码的可读性，建议在#后面添加一个空格，再添加注释内容。

当单行注释放在语句或表达式之后时，同样为了保证代码的可读性，建议注释和语句（或注释和表达式）之间至少要有两个空格。

当注释内容过多，导致一行无法显示时，就可以使用多行注释。Python 中使用三个单引号或三个双引号表示多行注释。

课 后 习 题

1. 到 Python 官方网站下载并安装 Python 解释器环境。
2. 到 Anaconda 官方网站下载并安装最新的 Anaconda 3 开发环境。
3. Python 语言是一种解释型、面向 _______ 的计算机程序设计语言。
4. Python 单行注释以符号 _______ 来完成。

第 2 章　Python 语言基础

本章重点

1. 系统标识符与系统关键字
2. 变量的创建与删除方法
3. Python 的数据类型
4. Python 的运算符
5. Python 表达式
6. Python 常用函数
7. Python 程序基本结构
8. Python 基本输入输出

本章难点

1. 系统标识符与系统关键字
2. Python 的运算符
3. Python 常用函数

Python 语言容易上手，语法结构较为简单，操作变量的能力很强，容易学习和掌握。本章围绕 Python 程序的基本结构进行展开，详细介绍 Python 变量的特点和使用、数据类型、运算符、表达式、常用内置函数以及程序的输入、输出。掌握本章的内容，对学习后续知识点非常重要。

2.1　标识符与关键字

2.1.1　标识符

标识符是用来标识某个实体的符号，是编程语言中允许作为名字的有效字符串集合。在命名标识符的时候，要遵循如下命名规则：

（1）标识符的第一个字符必须是字母或者下划线。

（2）标识符可以由字母、下划线或数字组成。

（3）标识符的语法基于 Unicode Standard Annex #31，可以使用中文字符作为标识符。

（4）标识符区分大小写。

（5）标识符的长度不限，但是不宜太长，否则不利于程序的编写。

（6）禁止使用 Python 关键字（保留字）作为一般标识符。

（7）标识符可以被用作变量名、函数名、类名、模块名等的名称。

（8）建议使用有意义的名字作为标识符，能够体现其用途。

不建议使用系统内置的模块名、类型名或函数名，以及已导入的模块名及其成员名作为变量名，这将会改变其类型和含义。可以通过 dir(__builtins__)语句查看所有内置模块、类型和函数。

除了关键字外，以下划线开始的标识符在使用时，表示类的特殊成员，需要特别注意以下几方面的内容：

（1）__*__（双下划线）：表示系统定义的特殊成员，如__name__。

（2）_*（单下划线）：表示类的保护成员，不能使用“from module import*”导入，只有类对象和子类对象才能访问这些成员。

（3）__*（双下划线）：表示类的私有成员，只有类对象自己能够访问。

有效标识符名称，如 i、_my_name、name_23、_、a1b2_c3、日期、年等。

无效标识符名称，如 2things、this is spaced out 和 $myname 等。

2.1.2　关键字

关键字是 Python 语言本身保留的特定标识符，每个关键字都有特殊的含义，如果被程序员用来作为标识符，会导致语法错误。表 2-1 列出了 Python 3.7 中的关键字。

表 2-1　Python 中的关键字及说明

保留字	说　明
and	用于表达式运算，逻辑与操作
as	用于类型转换
assert	断言，用于判断变量或条件表达式的值是否为真
break	中断循环语句的执行
class	用于定义类
continue	继续执行下一次循环
def	用于定义函数或方法
del	删除变量或者序列的值
elif	条件语句，与 if else 结合使用
else	条件语句，与 if、elif 结合使用，也可以用于异常和循环
except	包括捕获异常后的操作代码，与 try、finally 结合使用
for	循环语句
finally	用于异常语句，出现异常后，始终要执行 finally 包含的代码块。与 try、except 结合使用
from	用于导入模块，与 import 结合使用

续表

保留字	说　明
global	定义全局变量
if	条件语句，与 else、elif 结合使用
import	用于导入模块，与 from 结合使用
in	判断变量是否存在于序列中
is	判断变量是否为某个类的实例
lambda	定义匿名函数
not	用于表达式运算，逻辑非操作
or	用于表达式运算，逻辑或操作
pass	空的类、函数、方法的占位符
print	打印语句
raise	异常抛出操作
return	用于从函数返回计算结果
try	包含可能会出现异常的语句，与 except、finally 结合使用
while	循环语句
with	简化 Python 的语句
yield	用于从函数依次返回值
False	假
None	空
nonlocal	在函数或者其他作用域中使用外层（非全局）变量

2.2　变　量

2.2.1　对象和类型

对象是 Python 语言中最基本的概念，在 Python 中处理的一切都是对象。

对象是对数据的抽象，Python 中所有的数据都被表示成对象或者对象之间的关系，所有的数据以对象的形式存在。一串字符、一个数字或者一个集合都是对象，如"hello world"、2、42.56、{1,2,3}等。这些对象属于不同的类型，"hello world"是一个字符串，2 是一个整数，42.56 是一个浮点型数，{1,2,3}是集合。

Python 中有许多内置对象可供编程者直接使用，如数字、字符串、列表、集合以及内置函数；非内置对象需要导入模块后才能使用，如 math 模块中的正弦函数 sin()，random 模块中的随机数产生函数 random()等。

每个对象都有一个 id、类型和值，可以通过内置函数 type()来获取对象的类型，id()函数获取对象的内存地址。代码示例如下：

```
>>> type(2)                                    #整型
```

```
<class 'int'>                                  # class 表示类别
>>>type(43.56)                                 #浮点型
<class 'float'>
>>>type({1,2,3})                               #集合
<class 'set'>
>>>type('2')                                   #字符串
<class 'str'>
```

2.2.2 变量的创建

对象通常存放在变量中，变量是指向某个对象的名字，是对象的命名。

Python 中的变量不同于 C、C++、Java 等语言中的变量，Python 是一种动态类型语言，不需要事先声明变量的类型，直接赋值即可创建各种类型的变量，解释器会根据所赋值的类型自动推断变量类型，而且变量的类型是可以随时变化的。Python 还是一种强类型语言，在运算过程中不会自动进行数据类型转换（除了 int、float、bool 和 complex 类型之间）。

变量只有被创建或者赋值后才能使用，如果变量出现在赋值运算符（=）或复合赋值运算符（如+=、*=等）的左边则表示创建变量或者赋值，否则表示引用该变量的值，例如：

```
>>>a=2                                         #整型赋值
>>> type(a)
<class 'int'>
>>> b="Python"                                 #字符串赋值
>>>c=a*3                                       #整型乘法赋值
>>> a= "hello"+b                               #字符串连接赋值
>>> type(a)
<class 'str'>
```

赋值语句 a=2 的执行过程如下：

（1）创建表示整数 2 的对象。

（2）检查变量 a 是否存在，如果不存在则创建它，如果存在则直接使用。

（3）建立变量 a 到对象 2 之间的引用，而不是拷贝整数 2。

在内存中，引用的本质就是内存地址，与 C 语言中的指针类似。

Python 中使用变量时要理解下面几点：

（1）变量在第 1 次赋值时被创建，再次出现时直接使用。

（2）变量没有数据类型的概念。数据类型属于对象，类型决定了对象在内存中的存储方式和能够进行的操作，例如 int 类型的变量可以进行四则运算。

（3）变量引用了对象。当在表达式中使用变量时，变量被其引用的对象替代。

（4）变量在使用前，必须赋初值。

在 Python 中，允许多个变量指向同一个对象，当其中一个变量指向的对象被修改以后，其内存地址将会变化，但并不影响另一个变量。

为了增加程序的运行效率，Python 3 以后的解释器中实现了小数字和字符串缓存的机

制，小数字的缓冲范围是[-5～256]，示例如下：

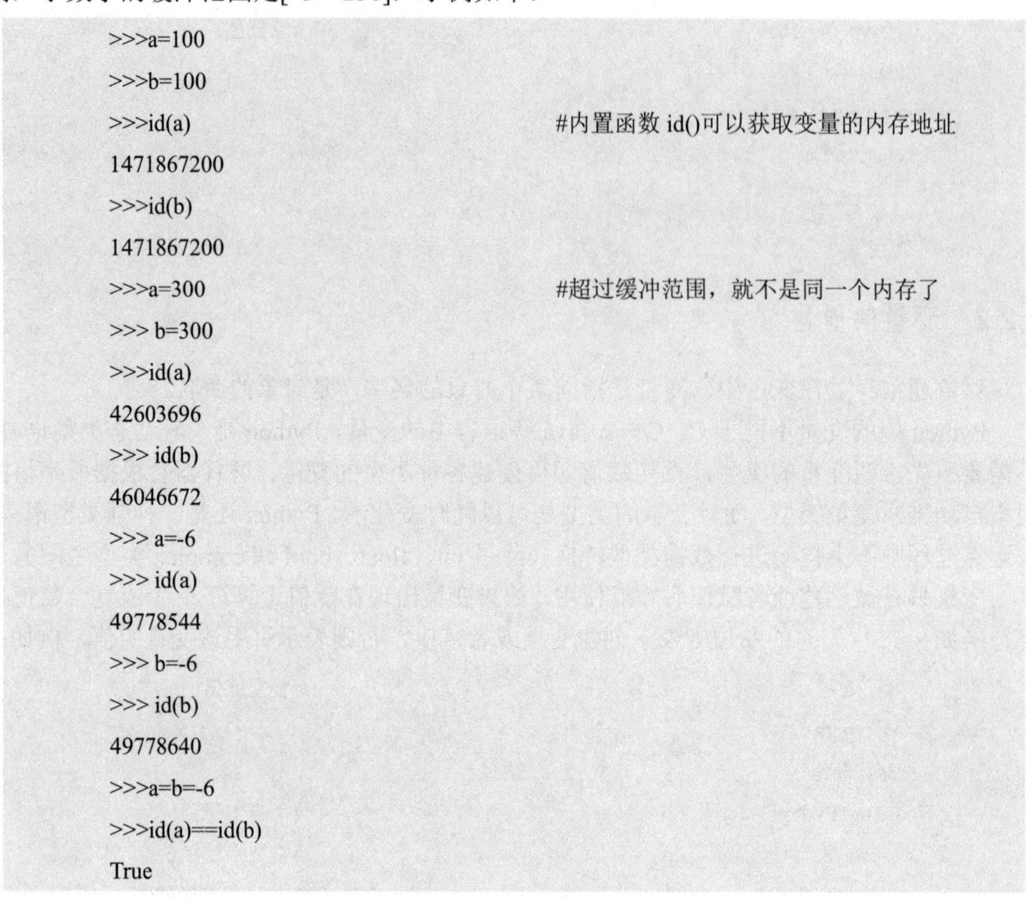

```
>>>a=100
>>>b=100
>>>id(a)                                    #内置函数 id()可以获取变量的内存地址
1471867200
>>>id(b)
1471867200
>>>a=300                                    #超过缓冲范围，就不是同一个内存了
>>> b=300
>>>id(a)
42603696
>>> id(b)
46046672
>>> a=-6
>>> id(a)
49778544
>>> b=-6
>>> id(b)
49778640
>>>a=b=-6
>>>id(a)==id(b)
True
```

Python 中各种变量存储的不是值，而是值的引用，如图 2-1 所示。图 2-1 实线表示指向的是不同内存对象，虚线表示的是指向同一内存对象。

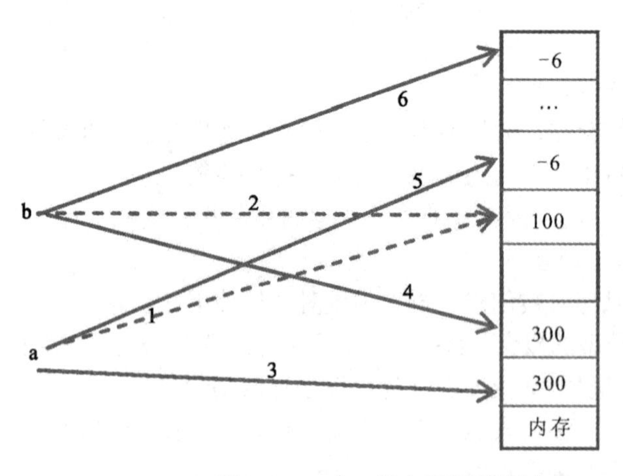

图 2-1　Python 的内存引用机制

每种类型支持的运算不尽相同，因此在使用变量时需要根据其所存储的对象来确定所进行的运算是否合适，以免出现异常或者意想不到的结果。同一个运算符对于不同类型对

象操作的含义不尽相同，后面会进一步介绍。

例 2-1　变量的声明和赋值。李国今年 16 岁，身高 174.5 cm，是党员。请声明一个变量 liguo_name 用来保存李国的姓名；声明一个变量 liguo_age 用来保存李国的年龄信息；声明一个变量 liguo_height 用来保存李国的身高信息；声明一个变量 liguo_party_member 用来保存李国是否是党员；声明一个变量 liguo_describe 用来保存一段文字，文字内容是：我的名字叫李国，我今年 16 岁，身高 174.5 cm。声明以上变量后输出。

变量的声明和赋值代码如下：

```
liguo_name="李国"
liguo_age=16
liguo_height=174.5
liguo_party_member=True
liguo_describe="我的名字叫李国，我今年 16 岁，身高 174.5 cm"
print(liguo_name)
print(liguo_age)
print(liguo_height)
print(liguo_party_member)
print(liguo_describe)print(liguo_describe)
```

运行结果如下：

```
李国
16
174.5
True
我的名字叫李国，我今年 16 岁，身高 174.5 cm
```

2.2.3　变量的删除

Python 具有自动内存管理功能，会跟踪所有的变量，并自动删除不再有指向值的变量。因此，Python 程序员一般情况下不需要太多地考虑内存的管理问题。

通过显式使用 del 命令，可以删除不需要的变量，或者显式关闭不再需要访问的资源。

变量的删除代码的示例如下：

```
>>>a=10
>>> del a                                          #删除变量 a
>>>print(a)
NameError:name'a' is not defind
```

2.3　数据类型

数据类型不仅决定了对象在内存中的存储方式，而且决定了可以在对象上附加的操作。

基于不同的数据类型，程序可以实现复杂的功能。Python 中常见的数据类型如表 2-2 所示。

表 2-2　常见的数据类型

对象类型	名　称	示　例	对象类型	名　称	示　例
数字	int、float、complex	123,3.1415,3.4j	布尔型	bool	True、False
字符串	str	'hello', '12', "语文"	空类型	NoneType	None
字节串	bytes	b'\xd6\xd0\xb9\xfa'	文件		fn=open("name.txt", 'r')
列表	list	[1,2,3]，['a','b',['c','d']]	集合	set	{"b", "a", "c"}
字典	dict	{1:'a',2:'b'}	元组	tuple	(1,2,3)

其他可迭代对象	生成器对象、range 对象、zip 对象、enumerate 对象、map 对象、filter 对象等	zip('abcd','12345')
		map(str,range(5))
		enumerate('abcd')
		range(1,10,2)
			编程单元	def
				class
				module
					def parseText():
					class MyClass:
					import my_module

异常	Exception	—	—	—	—

其中，数字（包括布尔型）、字符串和空类型称为原子类型，每次只能存储单个对象类型。列表、元组、字典和集合是 Python 中的内置容器类型。容器是用来存放基本对象或者其他容器对象的一种类型，可以容纳多个对象类型。不同容器类型之间的最主要区别是单个元素的访问方式以及运算符定义方式的不同。

Python 提供了对多种数据类型的强大支持，其中数字、字符串、列表、元组、字典、集合等称为标准数据类型，其他的类型称为内建类型。

Python 支持四种基本数字类型，分别是整型、布尔型、浮点型、复数型，其中前两种是整数类型。浮点数由于表示方式的限制，在进行运算时很少返回精确的预期结果。

数字属于 Python 的不可变对象，修改整型变量值的时候并不是真正修改变量的值，而是修改变量使其指向新值所在的内存地址。

为了增强数字的可读性，可以在数字中间位置使用单下划线作为分隔。

在 Python 中，数字类型变量所表示的范围可以是无穷大，只要内存空间足够。和其他语言一样，Python 也可以对数据类型进行等价转换。

布尔型是特殊的整型，尽管布尔值由常量 True 和 False 来表示，但是如果将布尔值放到一个数值上下文环境中，True 会被当成整型值 1，而 False 则会被当成整型值 0。

2.4　运　算　符

运算符是对操作数进行运算的符号。Python 中的运算符按照功能划分为算术运算符、逻辑运算符、关系运算符、位运算符、矩阵相乘运算符和赋值运算符，按照操作数的个数分为单目运算符和双目运算符。

2.4.1　算术运算符

算术运算符用于对操作数进行算术运算。Python 中的算术运算符如表 2-3 所示。

表 2-3　算术运算符

运算符	含　义	举　例	运算符	含　义	举　例
+、-	加法、减法（集合差集）	2+3，10-5	**	幂运算	2**3
-	相反数	-6	/	除法（真除法）	4/3
*	乘法	2*3	//	求整商（向下取整）	4//3
%	求余数、指定字符串格式	5%2			

算术运算符示例如下：

```
>> 3/5
0.6
>>> 3//5
0
>>> 4//3
1
>>> 9/3
3.0
>>> 5//3
1
>>> 3.1%2
1.1
>>> 3*2
6
>>> 5%2
1
>>> 3**2
9
>>> (3+4j)*2
(6+8j)
```

注意：Python 不支持 C 语言中的自增（++）和自减（--），Python 会将--n 解释为-（-n），也就是 n，同样将++n 解释成+（+n）从而得到 n。

不同数据类型在一起进行算术运算时，按照下面的原则进行隐式类型转换。

（1）当有一个操作数的类型是复数时，其他数据都自动转换成复数类型。

（2）当有一个操作数的类型是小数时，其他数据都自动转换成小数类型。

（3）不支持数字和字符之间的隐式转换。

还可以使用内置函数进行显式转换，转换时要保证类型要兼容。显式转换要丢失原数的精度，示例如下：

```
>>>a=3
>>> type(a)
<class 'int'>
>>>a=a+2.4
>>>type(a)
<class 'float'>
>>>a=a+(10+2J)
>>>type(a)
<class complex>
>>> b= True
>>>c=int(b)
>>> type(c)
<class 'int'>
>>>d=10+20J
>>> int(d)
Traceback(most recent call last):
Typeerror: can't convert complex to int
>>>c=2.3
>>>int（c）
2
>>>x=1+int('2')
>>>x
3
>>>x=1+ord('a')
>>>x
98
>>>float('98.6')
98.6
```

例 2-2　李国出生于 2002 年，计算他在 2022 年的年龄。首先定义一个变量用来存储李国的出生年份，接着定义一个变量用来存储 2022 年，最后定义一个变量用来存储李国现在的岁数，然后通过算术运算符“-”来求出结果。

例 2-2 的代码如下：

```
liguo_born=2002
now=2022
```

```
liguo_age=now-liguo_born
print("李国现在的岁数是：",liguo_age)
```

运行结果为：

```
李国现在的岁数是：20
```

2.4.2　逻辑运算符

逻辑运算符用来对布尔值进行与、或、非等逻辑运算，运算最终结果是布尔值 True 或 False。其中，“非”是单目运算符，逻辑“与”和“或”为双目运算符。逻辑运算符的操作数都应该是布尔值，如果是其他类型的值，应该转换为布尔值才能进行运算。Python 中的逻辑运算符如表 2-4 所示。

表 2-4　逻辑运算符

运算符	含　义	举　例	运算符	含　义	举　例
and	逻辑与	x and y	or	逻辑或	x or y
not	逻辑非	not x	—	—	—

注意：and 和 or 运算符不一定总是生成布尔值 True 和 False。布尔“与”：如果 x 为 False，x and y 返回 False，否则返回 y 的计算值；布尔“或”：如果 x 为 True，x or y 返回 x 的值，否则返回 y 的计算值，相关示例如下：

```
>>> 0 and "a"
0
>>> 5 and "a"
'a'
>>> "a" and 5
5
>>> "a" and ""
''
>>> "" or 10
10
>>> 10 or ""
10
>>> 5 or 10
5
>>> 0 or 10
10
>>> not 5
False
>>> not 0
True
```

```
>>> not 1
False
```

例 2-3 定义一个变量 x，其值为 7*4，输出 x 的值是否大于 10 并且小于 20。

例 2-3 的代码如下：

```
x=7*3
print(x>10 and x<20)
```

运行结果如下：

```
False
```

2.4.3 关系运算符

关系运算符包括值比较符（<、<=、>、>=、!=、==）、身份比较符（is、is not）和成员测试符（in、not in）。

值比较符比较两个操作数的大小，并返回一个布尔值（True、False），操作数可以是数字和字符串。当操作数是字符串时，按照字符串从左到右逐个字符比较其 ASCII 码，直到遇到不同的字符或者字符串才结束。

身份比较符用于比较两个对象的内存位置是否相同，使用 id()函数来确定。

成员测试符用于查找对象是否在列表、元组、字符串、集合和字典等系列数据中。

Python 中的关系运算符如表 2-5 所示。

表 2-5 关系运算符

运算符	含 义	举 例	运算符	含 义	举 例
<、<=	大小比较	2<=3	==	相等值比较	2==3
>、>=	大小比较	3>=2	!=	不等值比较	2！=3
is	如果操作数指向同一对象则返回 True，否则返回 False	i=100 j=100 i is j 返回 True	is not	如果操作数指向不同对象则返回 True，否则返回 False	a=2.5 b=3.0 a is not b 返回 True
in	如果在指定的系列中找到值时，返回 True，否则返回 False	5 in [3,4,5,6] 返回 True	not in	如果在指定的系列中没有找到值时，返回 True，否则返回 False	'5' not in '12345' 返回 False

Python 语言支持链式关系表达式，相当于多个表达式之间逻辑“与”的关系，示例代码如下：

```
>>>1<=2<=3                    #等价于 1<=2 and 2<=3
True
>>>2>=1>10                    #等价于 2>=1 and 1>10
False
```

例 2-4　判断字母“h”是否在字符串“Hello Python”中。

代码如下：

```
print('h'in "Hello Python")
```

运行结果如下：

```
True
```

例 2-5　将 a、b 两个变量分别赋值 15，使用身份运算符比较他们。

代码如下：

```
a=15
b=15
print(a is b)
print(b is a)
print(id(a))
print(id(b))
```

运行结果如下：

```
True
True
8790516007632
8790516007632
```

2.4.4　位运算符

位运算符将数字转换成二进制数来进行运算，位运算符只能用于整型数据，不能用于浮点型数据。Python 中的位运算符如表 2-6 所示。

表 2-6　位 运 算 符

运算符	含　义	举　例	运算符	含　义	举　例
&	按位与，集合交集	2&3	|	按位或，集合并集	2|6
^	按位异或，对称差集	2^6	~	按位取反	~10
<<	按位左移	3<<2	>>	按位右移	3>>2

位运算符示例如下：

```
>>> 2 & 10    #首先转化成二进制数，然后右对齐，最后按位进行运算
2
>>> 2 | 10
10
>>> 2^2    #异或运算是指当比较的两位不同时取值为 1，当比较的两位相同时为 0
0
>>> ~2
-3
```

```
>>> 8>>3
1
>>> 8<<3
64
>>> {'a','b','c'} & {'c','d','e'}          #集合交集
{'c'}
>>> {'a','b','c'} | {'c','d','e'}          #集合并集,自动去掉重复元素
{'c', 'a', 'e', 'b', 'd'}
>>> {'a','b','c'} - {'c','d','e'}          #差集
{'b', 'a'}
>>> {'a','b','c'} ^ {'c','d','e'}          #对称差集
{'a', 'e', 'b', 'd'}
```

矩阵相乘运算符@用于矩阵的乘法运算，示例如下：

```
>>> import numpy as np                     #导入 numpy 库
>>>x=np.aray([1,2,3])                      #创建数组
>>>y=np.aray([[4,5,6],[7,8,9],[10,11,12]])
>>>z=x@y                                   #矩阵相乘
>>>z
aray([48,54,60])
```

2.4.5 赋值运算符

赋值运算符分为简单赋值运算符和增量赋值运算符。

简单赋值运算符是指“=”，而增量赋值运算符是指算术运算符、逻辑运算符、位运算符中的双目运算符后面再加上“=”。

Python 支持多重赋值和多元赋值。多重赋值是指同一个引用可以同时被赋予多个变量；多元赋值是指赋值运算符“=”的两边都是多个对象。表 2-7 列出了 Python 常用的赋值运算符。

表 2-7 Python 常用的赋值运算符

<table>
<tr><th>运算符</th><th>含 义</th><th>举 例</th><th>运算符</th><th>含 义</th><th>举 例</th></tr>
<tr><td>+=、-=、/=、//=、*=、**=、%=</td><td>算术增量赋值符，x op= y 相等于 x=x op y</td><td>x=10
x+=2
x/=2
x%=4</td><td rowspan="2"><<=、>>=、&=、|=、^=</td><td rowspan="2">位增量赋值符，x op=y 相等于 x=x op y</td><td rowspan="2">x=2
x<<=1
x&=10</td></tr>
<tr><td>=</td><td>赋值运算符</td><td>x=2</td></tr>
</table>

赋值运算符示例如下：

```
>>>x=10
>>>x>>=2                                   #和 x=x>>2 等价
>>> print(x)
```

```
2
>>>x=y=z=10                                  #多重赋值
>>> print(x, y, z)
10 10 10
>>>y=20
>>>x,y,z=x+y,x+z,y+z                         #多元赋值
>>> print(x, y, z)
30 20 30
```

2.5 表 达 式

表达式是变量、数字、运算符、函数、括号等构成的有意义组合体，表达式的返回值是一个单一的数字。

在一个表达式中，Python 会根据运算符的优先级从高到低进行运算。运算符的优先级如表 2-8 所示，优先级由上到下依次递减，同一级的按照结合性从左到右顺序(除了幂运算是从右向左)。

表 2-8　运算符的优先级

运 算 符	说 明
(expressions,…)、[expressions,…]、{key:value,…}、{ expressions,…}	元组、列表、字典、集合
x[index]、x[start:end:step]、x(arguments,…)、x.attribute	下标、切片、函数调用、属性引用
**	幂运算
+x、−x、~x	正数、负数、按位取反
*、@、/、//、%	乘法、矩阵乘、除法、整除、取余
+、−	加、减
<<、>>	左移、右移
&	按位与
^	按位异或
|	按位或
in 、not in、 is、 is not 、<、<=、>、>=、!= 、==	成员、身份、比较
not	逻辑非
and	逻辑与
or	逻辑或
lambda	Lambda 表达式

2.6　常用函数

Python 中的函数分为内置函数、模块函数和用户自定义函数。本节重点讲前两个函数。

2.6.1　内置函数

内置函数（Built-in Functions，BIF）是 Python 内置对象类型之一，是不需要导入任何模块即可使用的一类函数，内置在 Python 解释器中。执行 dir（builtins_）可以列出所有的内置函数，使用 help（函数名）可以查看某个函数的用法。常用内置函数如表 2-9 所示。

表 2-9　常用内置函数

序　号	保留字	说　明
1	abs()	abs() 函数返回数字的绝对值
2	all()	all() 函数用于判断给定的参数中的所有元素是否都为 True。如果是返回 True，否则返回 False。元素除了是 0、空、None、False 外都算 True；空元组、空列表返回值为 True
3	any()	any() 函数用于判断给定的参数是否全部为 False，是则返回 False。如果有一个为 True，则返回 True。元素除了是 0、空、False 外都算 True
4	ascii()	ascii() 函数返回一个表示对象的字符串，但是对于字符串中的非 ASCII 字符则返回通过 repr() 函数使用 \x、\u 或 \U 编码的字符
5	bin()	bin() 函数返回一个整数 int 或者长整数 long int 的二进制表示
6	bool()	bool() 函数用于将给定参数转换为布尔类型，如果参数不为空或不为 0，返回 True；参数为 0 或没有参数，则返回 False
7	bytearray()	bytearray() 方法返回一个新字节数组。这个数组里的元素是可变的，并且每个元素的值范围为 0 <= x < 256（即 0—255），即 bytearray()是可修改的二进制字节格式
8	bytes()	bytes() 函数返回一个新的 bytes 对象，该对象是一个在 0 <= x < 256 区间内的整数不可变序列
9	callable()	callable() 函数用于检查一个对象是否可调用，对于函数、方法、lambda 函式、类以及实现了__call__方法的类实例，它都返回 True
10	chr()	chr() 函数用一个范围在 range(256)内（即 0～255）的整数作参数，返回一个对应的 ASCII 数值
11	compile()	compile() 函数将一个字符串编译为字节代码
12	complex()	complex() 函数用于创建一个值为 real + imag * j 的复数或者转化一个字符串数为复数。
13	delattr()	delattr() 函数用于删除属性

续表一

序　号	保留字	说　明
14	dict()	chr() 函数用一个范围在 range(256)内（即 0～255）的整数作参数，返回一个对应的 ASCII 数值
15	dir()	dir() 函数不带参数时，返回当前范围内的变量、方法和定义的类型列表；带参数时，返回参数的属性、方法列表
16	divmod()	divmod() 函数把除数和余数运算结果结合起来，返回一个包含商和余数的元组（商 x，余数 y）
17	enumerate()	enumerate()函数用于将一个可遍历的数据对象(如列表、元组或字符串)组合为一个索引序列，同时列出数据和数据下标，一般用在 for 循环当中。Python 2.3 以上版本可用，但是 Python 2.6 版本需要添加 start 参数才可用
18	eval()	eval() 函数用来执行一个字符串表达式，并返回表达式的值
19	exec()	exec() 函数执行储存在字符串或文件中的 Python 语句。相比于 evall() 函数，execl() 函数可以执行更复杂的 Python 代码
20	filter()	filter() 函数用于过滤序列，过滤掉不符合条件的元素，返回一个迭代器对象，可用 list() 函数来转换为列表
21	float()	float()函数用于将整数和字符串转换成浮点数
22	format()	format() 函数是一种格式化字符串的函数，基本语法是通过{}和:来代替以前的%。format() 函数可以接受不限个参数，位置可以不按顺序
23	frozenset()	frozenset() 函数返回一个冻结的集合（一个无序的不重复元素序列），冻结后集合不能再添加或删除任何元素
24	getattr()	getattr() 函数用于返回一个对象属性值
25	globals()	globals() 函数会以字典格式返回当前位置的全部全局变量
26	hasattr()	hasattr() 函数用于判断对象是否包含对应的属性。如果对象有该属性，则返回 True；否则返回 False
27	hash()	hash() 函数用于获取一个对象（数字或者字符串等）的哈希值，不能直接应用于 list、set、dictionary
28	help()	help() 函数用于查看函数或模块用途的详细说明
29	hex()	hex() 函数用于将一个整数转换为十六进制数，返回一个字符串，以 0x 开头
30	id()	id() 函数用于获取对象的内存地址
31	input()	input()函数接受一个标准输入数据，返回值为 string 类型
32	int()	int()函数用于将一个字符串或数字转换为整型
33	isinstance()	isinstance() 函数用来判断一个对象是否是一个已知的类型，返回布尔值，类似 type()函数

续表二

序　号	保留字	说　明
34	issubclass()	issubclass() 函数用于判断参数 class 是否是类型参数 classinfo 的子类，是则返回 True，否则返回 False
35	iter()	iter() 函数用来生成迭代器。list、tuple 等都是可迭代对象，我们可以通过 iter() 函数获取这些可迭代对象的迭代器，然后可以对获取到的迭代器不断用 next() 函数来获取下条数据。iter() 函数实际上就是调了可迭代对象的__iter__方法
36	len()	len() 方法返回对象（字符、列表、元组等）长度或元素个数
37	list()	list() 方法用于将元组转换为列表
38	locals()	locals() 函数会以字典类型返回当前位置的全部局部变量
39	map()	map() 接收函数 f 和 list，并通过把函数 f 依次作用在 list 的每个元素上，得到一个新的 list 并返回
40	max()	max() 函数返回给定参数的最大值，参数可以为序列
41	memoryview()	memoryview() 函数返回给定参数的内存查看对象(Momory view)
42	min()	min() 函数返回给定参数的最小值，参数可以为序列
43	next()	next() 返回迭代器的下一个项目
44	oct()	oct() 函数将一个整数转换成八进制字符串
45	open()	open() 函数用于打开一个文件，创建一个 file 对象，相关的方法才可以调用它进行读取
46	ord()	ord() 函数是 chr()的配对函数，它以一个字符（长度为 1 的字符串）作为参数，返回对应的 ASCII 数值或者 Unicode 数值，如果所给的 Unicode 字符超出了定义范围，则会引发一个 TypeError 的异常
47	pow()	pow() 函数返回 x 的 y 次方的值
48	print()	print() 方法用于打印输出，是最常见的一个函数
49	property()	property() 函数的作用是在新式类中返回属性值
50	range()	range() 函数可创建一个整数列表，一般用在 for 循环中
51	repr()	repr() 函数将对象转化为供解释器读取的形式，返回一个对象的 string 格式
52	reversed()	reversed() 函数返回一个反转的迭代器。 reversed(seq)要转换的序列可以是 tuple、string、list 或 range
53	round()	round() 方法返回浮点数 x 的四舍五入值
54	set()	set() 函数创建一个无序不重复元素集，可进行关系测试，删除重复数据，还可以计算交集、差集、并集等
55	setattr()	setattr() 函数用于设置属性值

续表三

序　号	保留字	说　明
56	slice()	slice() 函数实现切片对象，主要用在切片操作函数里的参数传递
57	sorted()	sorted() 函数对所有可迭代的对象进行排序（默认升序）操作
58	staticmethod()	Staticmethod() 返回函数的静态方法
59	str()	str() 函数将对象转化为 string 格式
60	sum()	sum() 函数对参数进行求和计算
61	super()	super() 函数是用于调用父类(超类)的一个方法
62	tuple()	tuple() 函数将列表转换为元组
63	type()	type() 函数如果只有第一个参数则返回对象的类型，如果有三个参数返回新的类型对象
64	vars()	vars() 函数返回对象 object 的属性和属性值的字典对象
65	zip()	zip() 函数用于将可迭代的对象作为参数，将对象中对应的元素打包成一个个元组，然后返回由这些元组组成的对象。这样做的好处是节约了不少的内存。可以使用 list() 转换来输出列表。如果各个迭代器的元素个数不一致，则返回的列表长度与最短的对象相同。利用*号操作符，可以将元组解压为列表
66	import()	import() 函数用于动态加载类和函数
67	exit()	退出当前解释器环境

2.6.2　模块函数

除了内置函数，Python 还提供了模块函数。模块函数是指定义在 Python 模块中的函数，使用前需要先导入所在的模块，调用方法为“模块名.函数名()”。本节简单介绍 math 模块和 random 模块中的部分函数。

1. math 模块

math 模块提供了众多功能强大的数学函数，可以有效提高编程效率，部分函数如表 2-10 所示。使用这些函数时，需要使用 import math 导入 math 模块。

表 2-10　math 模块部分函数

函数名	说　明	实　例
fabs(x)	以小数类型返回 x 的绝对值	math.fabs(−7) 结果是 7.0
ceil(x)	返回 x 向上取整的结果	math.ceil(2.3)结果是 3
floor(x)	返回 x 向下取整的结果	math.floor(2.8)结果是 2
factorial(x)	返回 x 的阶乘	math.factorial(3)结果是 6
exp(x)	返回 e 的 x 次方	math.exp(1)结果是 2.718281828459045

续表

函数名	说　明	实　例
log(x[,base])	返回以 base 为底 x 的对数 log_{basex}；省略 base 参数，则返回 x 的自然对数 lnx	math.log(2)结果是 0.6931471805599453
pow(x,y)	返回 x^y 的结果	math.pow(2,3)结果是 8.0
hypot(x,y)	返回欧几里得范数	math.hypot(1.1,2.2)结果是 2.459674775249769
sin(x) cos(x) tan(x)	返回 x 的正弦值、余弦值、正切值，x 以弧度表示	math.sin(math.pi/2)结果是 1.0； math.cos(math.pi)结果是-1.0； math.tan(math.pi/4)结果是 0.9999999999999999
asin(x) acos(x) atan(x)	返回 x 的 arcsin、arccos、arctan 的以弧度表示的值	math.asin(1)/math.pi 返回 0.5； math.acos(-1.0)/math.pi 返回 1.0； math.atan(1.0)/math.pi 返回 0.25
degrees(x)	将 x 从弧度转换为角度值	math.degrees(math.pi)返回 180.0
radians(x)	将 x 从角度转换为弧度值	math.radians(180)返回 3.141592653589793
gcd(a,b)	返回 a 和 b 的最大公约数	math.gcd(16,4)返回 4
trunk(x)	返回实数 x 被截断后的整数部分	math.trunc(-12.6)返回-12
modf(x)	返回实数x的小数部分和整数部分	math.modf(3.5) 返回(0.5,3.0)

2. random 模块

在编写程序时，经常需要提供一些随机数。大多数编程语言提供了生产伪随机数的函数，这类函数被封装在 random 模块中。random 模块提供的部分函数如表 2-11 所示。

表 2-11　random 模块部分函数

函数名	说　明	实　例
random()	返回[0.0,1.0]区间内的一个随机小数	random.random() 返回 0.9523521796999529
uniform(a,b)	返回[a,b]区间内的一个随机小数	random.uniform(1,3) 返回 2.34035404015541
randint(a,b)	返回[a,b]区间内的一个随机整数	random.randint(1,3)返回 2
randrange([start],end,[step])	返回[start,end)区间内的一个整数，start 和 step 默认都是 1	random.randrange(1,10)返回 5
choice()	随机返回给定系列中的一个元素	random.choice('a','b','c') 返回'c'
shuffle(x)	将可变系列的所有元素随机排列	random.shuffle([1,2,3,4]) 返回[1,4,3,2]
seed([x])	改变随机数生成器的种子，x 默认是系统时间	random.seed(10)

2.7 Python 程序基本结构

Python 程序由模块构成，模块中包含若干条语句，语句包含表达式。

Python 语法实质上是由语句和表达式组成的，表达式处理对象并嵌套在语句中。语句是对象生成的地方，有些语句会生成新的对象类型（函数、类等）。语句总是存在于模块中，而模块本身则又是由语句来管理的。

1. 物理行和逻辑行

Python 程序由若干逻辑行组成。物理行是在编写程序时所看见的，而逻辑行是 Python 解释器看见的单行语句。一个逻辑行可以包含多个物理行。

Python 中语句不能跨逻辑行。在遇到较长的语句时，可以使用语句续行符号，将一条语句写在多行之中，这时一个逻辑行就包含多个物理行。

Python 中有两种续行方式，一种是使用"\"符号，应注意在"\"符号后不能有任何其他符号，包括空格和注释。另外一种特殊的续行方式是在使用括号（包括()、[]和{}）时，括号中的内容可以分成多行书写，括号中的空白和换行符都会被忽略，示例代码如下：

```
>>>s= 'This is a string.\
This continues the string.'
>>> print(s)
This is a string. This continues the string.
>>> a=['this is the first demo",
"this is the second demo",
"this is the third demo"]
>>> print(a)
['this is the first demo','this is the second demo','this is the third demo']
```

通常使用空白行来分隔不同的函数和类。

2. 语句分隔

通常建议每行只写一条语句，这样代码更加易读。如果想要在一个物理行中使用多于一条逻辑语句，那么需要使用分号";"来特别地标明这种用法，分号表示一个逻辑语句的结束。例如：

```
>>>a=10;s='python'
```

3. 缩进

Python 中行首的空白（空格或制表符）称为缩进，逻辑行的行首空白用来决定逻辑行的缩进层次，从而确定语句的分组。这就要求同一层次的语句必须有相同的缩进，每一组这样的语句称为一个代码块。语句末尾的冒号（:）表示代码块的开始，这个冒号是必不可少的，错误的缩进会引发错误。

缩进通常在 if、for、while、函数、类等定义中使用。不能在代码块中随意使用缩进，不符合规定的缩进是不允许的。缩进的示例代码如下：

```
>>>if(a>80):
        if(a<=100):
            print("恭喜你!")                #同一代码块缩进相同
            print("你非常优秀!")
    else:
        print("你还需要努力")               #和第一 if 在同一个层次
>>>a=1
>>>    b=2
Syntaxerror: unexpected indent
```

不要混合使用制表符和空格来缩进，这在跨平台的时候无法正常工作。建议在每个缩进层次使用单个制表符（四个空格）。

4. 注释

注释用于为程序添加说明性的文字。Python 解释器在运行程序时，会忽略被注释的内容。Python 的注释有单行注释和多行注释。

单行注释以“#”开始，表示本行“#”之后的内容为注释。单行注释可以单独占一行，也可以放在语句末尾。

多行注释可以跨行，包含在一对三引号''' '''或""" """之间，且不属于任何语句的内容将被解释器认为是注释。注释的示例代码如下：

```
>>>'''本程序从一个三位数中提取百位、十位和个位上的数字，使用内置函数 divmod()函数来返回商和余数'''
>>>x=153
>>> a, b= divmod(x, 100)                #返回商和余数
>>> b, c=divmod(b, 10)
>>>s='''This is a statements,
but it is not comment'''
```

注意：如果单行注释出现在 Python 程序第一行或者第二行，具有如下格式：

#_*_coding: encoding-name_*_

它表示一种特殊的注释，用来声明编码格式，默认是 UTF-8，示例如下：

```
#!/usr/bin/python      #第一行告诉 Linux/Unix 系统使用的是 Python 解释器，Windows 系会忽略
#_*_coding:gbk_*_     #第二行告诉 Python 解释器按照 gbk 编码格式读取文件内容
```

2.8　基本输入输出

用 Python 进行程序设计时，输入是通过 input()函数来实现的，输出是通过 print()函数来完成的。

2.8.1　input()函数

input()函数的一般格式如下：

x=input(['提示'])

该函数返回输入的对象。可输入数字、字符串和其他任意类型的对象。

input()函数用来接收用户从键盘上的输入，不论用户输入数据时使用什么界定符，input()函数的返回结果都是字符串。实际使用时需要将其转换为相应的类型再进行处理。相关示例代码如下：

```
>>> x= input('Please input:')
Please input:3
>>>print(type(x))
<class 'str'>
>>>x=input('Please input: ')
Please imput:1
y= int(x)* 10
>>>y
10
>>> x=eval(input('Please input: '))
Please input: 123+10
>>>x
133
>>>x,y,z=eval(input("请输入三个数:"))
请输入三个数：45,56,67
>>> print("%6d%6d%6d"%(x,y,z))
45     56     57
>>>x= input("请输入三个数:")
请输入三个数：123 456 789
>>>a,b,c= map(int,x.split())  #使用 split 将输入的字符串按照空格分隔，再使用 int 函数转
化为整型
>>> print(("%6d9%6d%6d"%(a,b,c))
123 456 789
```

2.8.2　print()函数

print()函数的格式如下：

print([objects][,sep="][,end='\n'][,file=sys.stdout][, flush=False])

其中：objects 是输出的对象；sep 是对象之间插入的分隔符，默认是空格；end 是添加在输出文本最后的一个字符，默认是换行符；fle 指定输出内容发送到的文件，默认是显示器；flush 指定输出的内容是否立即写文件。print()函数的示例代码如下。

（1）输出一个或者多个对象的示例代码为：

```
>>>print(123," Python",[1,2,3])
123 Python [1,2,3]
```

（2）指定输出分隔符的示例代码为：

```
>>> print(123, "Python", [1, 2, 3],sep=';')
123; Python;[1,2,3]
```

（3）指定输出结尾符号的示例代码为：

```
>>> for i in [1,2,3]:
        print(i,end=";")
1;2;3;
```

（4）指定输出文件的示例代码为：

```
>>> print(123, "Python",[1, 2, 3],file=open(r'c: \test. txt', 'w'), flush=True)
```

（5）指定格式化串。格式化时使用%运算符，格式是："'格式化串'%参数"，其中格式化串可以包含格式化字符和常量字符串，Python 的格式化字符和 C 语言的类似。

```
>>>pi=3.141592653
>>> print('PI= %10.3f '% pi)          #字段宽为 10，精度为 3
PI=3.142
```

2.9 案例实战

例 2-6　已知三角形两条边的边长及其夹角，编写 Python 程序求第三条边的长度。

例 2-6 的代码如下：

```
import math                                    #导入 math 模块
x= input('输入两条边的长度及其夹角:')          #输入字符串, 以空格分隔
# split 函数使用自定义分隔符对字符串进行分割, map 函数完成字符串到浮点数的映射
a, b, theta=map(float, x.split())
c=math. sqrt(a**2+ b ** 2-2 *a *b *math. cos(theta *math. pi/180))
print('第三条边的长度是:%.2f'%c)
```

运行结果如下：

```
输入两条边的长度及其夹角：5 6 30
第三条边的长度是：3.01
```

例 2-7　编写程序，计算平面上任意两点之间的曼哈顿距离和欧氏距离。

例 2-7 的代码如下：

```
import math
x1,y1,x2,y2=eval( input("请输入平面内任意两点的横纵坐标(以,分隔)"))
```

```
print("你输入的坐标是:(%f,%f),(%f,%f)"%(x1,y1,x2,y2))                #格式化输出
distance1=math.sqrt(math.pow(x1-x2,2)+math.pow(y1-y2,2))           #求欧氏距离
distance2 =math. fabs(x1-x2)+ math.fabs(y1-y2)                      #求曼哈顿距离
print("欧氏距离是:",distance1,"\n 曼哈顿距离是:",distance2)
```

运行结果如下：

```
请输入平面内任意两点的横纵坐标(以,分隔)5,7,6,9
你输入的坐标是：(5.000000,7.000000),(6.000000,9.000000)
欧氏距离是：2.23606797749979
曼哈顿距离是：3.0
```

课后习题

1. 为什么说 Python 是基于值的内存管理模式?
2. 解释 Python 中的运算符 / 和 // 的区别
3. 编写程序，用户输入一个三位以上的整数，输出其百位以上的数字。
4. 编写程序，用户输入任意一个三位整数，输出其每位上的数字。
5. Python 内置函数_________用来返回数值型序列中所有元素之和。
6. 假设 n 为整数，那么表达式 n&1==n%2 的值为__________。
7. 表达式 int('13',16)的值为___________。
8. 已知 x=3，并且 id(x)的返回值为 496103280，那么执行语句 x+=6 之后，表式 id(x)=496103280 的值为____________。
9. 语句 x=3==3,5 执行结束后，变量 x 的值为_________。
10. 表达式 1<2<3 的值为__________。
11. 表达式 3 and 5 的值为__________。
12. 表达式 0 or 5 的值为____________。
13. print(1,2,3,sep=':')的输出结果为 ____________。
14. 用户从键盘上输入 3 个整数，编写代码来对 3 个数由小到大进行排序。

第 3 章　Python 数字类型及基本运算

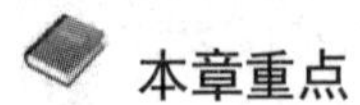

本章重点

int（整型）、float（浮点型）、complex（复数型）、bool（布尔型）的数字应用

本章难点

算术运算、逻辑运算与关系运算

本章主要讨论整型、浮点型、布尔型、复数型四种基础数据类型。

3.1　数字类型

数字是自然界计数活动的抽象，更是数学运算和推理表示的基础。计算机对数字的识别和处理有两个基本要求：确定性和高效性。

确定性指程序能够正确、无歧义地解读数据所代表的类型及含义。

高效性指程序能够为数字提供较高的计算速度，且使用较少的存储空间。

Python 语言提供了四种数字类型：整型、浮点型、复数类型、布尔型。

1. 整型

整型是表示整数的数据类型。与其他计算机语言有精度限制不同，Python 中的整数位数可以为任意长度，但在实际使用过程中受限于 Python 程序的计算机内存大小。

整型对象是不可变对象。

整型与数学中整数的概念一致。整型共有四种进制表示：十进制、二进制、八进制、十六进制。默认情况下，整数采用十进制表示，其他进制需要增加引导符号，如二进制数以 0b 引导，八进制数以 0o 引导，十六进制数以 0x 引导，大小写字母均可使用。例如 x、y、z、t 分别是二进制、十进制、八进制和十六进制赋值的数字类型，整型数据示例代码如下：

```
>>> x=0b1101101
>>> x
109
>>> y=125
>>> y
125
```

```
>>> z=0o176
>>> z
126
>>> t=0x785EFAB
>>> t
126218155
```

在初始化整型数据值时，前面可以带负号（-），表示负值，例如：

```
>>> a= -15
>>> a
-15
>>> b= -0b11
>>> b
-3
>>> c=0o12
>>> c
10
>>> d=0x34
>>> d
52
```

2. 浮点型

浮点型(float)是表示实数的数据类型，与其他计算机语言的双精度和单精度数据类型对应。Python 浮点型数据的精度与系统相关。

浮点型用来处理实数，即带有小数的数字，浮点数的数值范围和小数精度受不同计算机系统的限制。sys.float_info 详细列出了 python 解释器所运行系统的浮点数各项参数，例如：

```
>>> import sys
>>> sys.float_info
sys.float_info(max=1.7976931348623157e+308, max_exp=1024, max_10_exp=308,
min=2.2250738585072014e-308, min_exp=-1021, min_10_exp=-307, dig=15, mant_dig=53,
epsilon=2.220446049250313e-16, radix=2, rounds=1)
```

浮点型有两种表示形式，一种是十进制数形式，它由数字和小数点组成，并且这里的小数点是不可或缺的，如 2.85、228.0、0.0 等；另一种是指数形式，比如 58e4 或 58E4 表示的都是 58×10^4，字母 e（或 E）之前必须有数字，字母 e（或 E）之后可以有正负号，表示指数的符号，如果没有则表示正号。此外，指数必须为整数。

浮点型表示的浮点数代表实数，但只是近似值。例如 2.0/3.0 的运算结果是一个无限值，因为计算机的内存量有限，所以实数只能表示真实值的近似值。浮点型数据示例代码如下：

```
>>> 2.0/3.0
0.6666666666666666
```

浮点型同样可以表示正实数和负实数，当表示正实数时前面的“+”可以省略，当表示负实数时，必须在前面加上“-”。

3. 布尔型

Python 的布尔型（bool）数据用于逻辑运算，多个 bool 值的逻辑运算其结果为 bool 类型值。Python 中的布尔值使用常量 True 和 False 来表示（注意大小写）。

比较运算符<、>、== 等返回的值的类型就是 bool 型。布尔型通常在 if 和 while 语句中应用。

注意：非布尔类型的值，非零即为真，非空即为真。

逻辑运算符除逻辑非 not 是一元运算符外，其余均为二元运算符。

布尔型数据逻辑运算示例如下：

```
>>> True or False            #真或假，结果为真
True
>>> True and False           #真与假，结果为假
False
>>> not True                 #非真，结果为假
False
>>> not False                #非假，结果为真
True
>>> False or False           #假或假，结果为假
False
>>> False or True            #假或真，结果为真
True
>>> False and False          #假与假，结果为假
False
>>> False and True           #假与真，结果为假
False
```

注意：

（1）Python 中的任意表达式都可以参与逻辑运算，例如：

```
>>> not 0
True
>>> not 1
False
>>> not "a"
False
```

（2）C=A or B。如果 A 不为 0，或者不为空，或者为 True，则返回 A，否则返回 B。即如果 A 不为 0，或者不为空，或者为 True 时，则不用计算 B，也就是“短路”计

算。例如：

```
>>> 1 or 2
1
>>> 5 or 2
5
>>> "a" or 2
'a'
>>> True or "abc"
True
>>> "" or "abc"
'abc'
>>> 0 or 2
2
>>> True or False
True
>>> False or True
True
```

（3）C=A and B。如果 A 为 0，或者为空，或者为 False，则返回 A，否则返回 B。即如果 A 为 0，或者为空，或者为 False，则不用计算 B，也就是“短路”计算。例如：

```
>>> 1 and 2
2
>>> 5 and 2
2
>>> 'a' and 5
5
>>> 0 and 2
0
>>> "" and 8
''
>>> 0 and "abc"
0
>>> "" and "abc"
''
>>> False and 2
False
>>> True and 2
2
```

4. 复数型

复数型数据由实数部分和虚数部分组成，一般形式为 x+yj，其中 x 是复数的实数部分，y 是复数的虚数部分，这里的 x 和 y 都是实数，例如 2+3j、0.1j、2+0j 等。

复数的两个部分都以属性名的形式存在，分别为 real 和 imag，例如：

```
>>> a=3.5+6.5j
>>> a.real
3.5
>>> a.imag
6.5
>>> a.real,a.imag
(3.5, 6.5)
```

3.2 基本运算

1. 整数的运算

整数对象支持关系运算、算术运算、位运算、内置函数、math 模块中的数学运算及 int 对象方法等运算操作。

整数的算术运算主要包括加法（+）、减法（-）、乘法（*）、除法（/）、整除（//）、取余（%）、乘幂（**）等。

整数运算的示例如下：

```
>>> 15+23
38
>>> 20-8
12
>>> 21*5
105
>>> 21/5
4.2
>>> 21//5
4
>>> 21**5
4084101
>>> 21%5
1
```

Python 中有 35 个常用内置函数，其中可进行整数运算的内置函数包括 abs()、ascii()、bin()、bool()、bytes()、float()、int()、hex()、oct()、chr()、str()、type()、pow()。函数的整数运算示例如下：

```
>>> a=-10
>>> abs(a)                    #求数值的绝对值
10
>>> ascii(10)                 #把数值转换为 ASCII 码
'10'
>>> ascii(9)
'9'
>>> bin(a)                    #把数值转换为二进制串
'-0b1010'
>>> bool(a)                   #把数值转换为等价的布尔值 True 或者 False
True
>>> bytes(a)                  #把数值转换为字符串，当数值为负数时会报错
Traceback (most recent call last):
  File "<pyshell#9>", line 1, in <module>
    bytes(a)
ValueError: negative count
>>> b=10
>>> bytes(b)
b'\x00\x00\x00\x00\x00\x00\x00\x00\x00\x00'
>>> hex(a)
'-0xa'
>>> oct(a)                        #把数值转换为八进制串
'-0o12'
>>> str(a)                        #把数值转换为字符串
'-10'
>>> pow(a,5)                      #求数值的 n 次方
-100000
```

2. 浮点数的运算

浮点数对象支持关系运算、算术运算、位运算、内置函数、math 模块中的数学运算及 float 对象方法等运算操作。

浮点数的算术运算主要包括加法（+）、减法（-）、乘法（*）、除法（/）、乘幂（**）等。

float 对象包含的方法主要包括以下内容：

（1）转换为分数函数：as_integer_ratio()；

（2）转换为十六进制字符串函数：hex()；

（3）十六进制字符串转换为浮点数函数：fromhex()；

（4）判断是否为 int 类型函数：is_integer()。

浮点数运算的示例如下：

```
>>> a=1.25
```

```
>>> a.as_integer_ratio()
(5, 4)
>>> float.as_integer_ratio(a)
(5, 4)
>>> hex(a)
Traceback (most recent call last):
  File "<pyshell#15>", line 1, in <module>
    hex(a)
TypeError: 'float' object cannot be interpreted as an integer
>>> a.hex()
'0x1.4000000000000p+0'
>>> float.hex(a)
'0x1.4000000000000p+0'
>>> float.fromhex("0x7f")
127.0
>>> a.is_integer()
False
>>> float.is_integer(a)
False
```

3. 复数的运算

复数对象支持算术运算、math 模块中的数学运算及 complex 对象方法等运算操作。复数的运算示例如下：

```
>>> (1+2j)+(3+4j)
(4+6j)
>>> (1+2j)-(3+4j)
(-2-2j)
>>> (1+2j)*(3+4j)
(-5+10j)
>>> (1+2j)/(3+4j)
(0.44+0.08j)
>>> (1+2j)**2.0
(-3+4j)
```

课 后 习 题

1. 输入一个整数，输出以该整数为编码的字符。
2. 输入一个十进制数，输出该数的二进制数、八进制数和十六进制数。

第 4 章　Python 字符串类型

本章重点

1. 字符串的编码方式
2. 字符串的定义
3. 字符串的基本运算符操作
4. 字符串的常用方法
5. 字符串的格式化

本章难点

1. 字符串的查找、索引、取长度、统计、替换和分割
2. 字符串的格式化

4.1　字符串的编码方式

字符串是一种有序字符的集合，用于表示文本数据。字符串可以包含零个、一个或者多个字符。字符串使用单引号（''）、双引号（""）或三引号（''' '''、""" """）作为其界定符。字符串可以使用 ASCII 字符、Unicode 字符以及各种符号。

随着信息技术的发展和信息交换的需要，各国的文字都需要进行编码，不同的应用领域和场合对字符串编码的要求也略有不同，常见的编码格式有 ASCII、UTF-8、Unicode、UTF-16、UTF-32、GB2312、GBK、CP936、base64、CP437 等。不同编码格式之间相差很大，采用不同的编码格式意味着不同的表示和存储形式，把同一字符存入文件时，写入的内容可能会不同，在读取其内容时必须要知道编码规则并进行正确的解码。

1. ASCII

美国国家标准协会制定的 ASCII（美国信息交换标准代码）是最通用的单字节编码格式，主要用于显示英语。ASCII 编码使用 7 位表示一个字符，共 128 个字符。它最大的缺点是字符集太小，只能用于英文。

2. GB2312

GB2312 是我国制定的简体中文编码格式，使用一个字节表示英文，两个字节表示中文。

GBK 是 GB2312 的扩充，而 CP936 是微软在 GBK 基础上开发的编码方式。GB2312、GBK 和 CP936 都使用两个字节表示中文。

3. Unicode

Unicode 编码完美地解决了多编码标准的混乱问题，它是全球文字的统一编码（例如基本汉字的 Unicode 编码从 0x4E00 到 0x9FA5）。它为世界上各种文字的每个字符规定了一个唯一的编码，它可以实现跨语种、跨平台的应用。由于 Unicode 的一个字符会占用多个字节，如果文本中的内容基本上是英文，则使用 Unicode 编码会比 ASCII 编码占用更大的存储空间。本着节约存储空间的原则，又出现了基于 Unicode 字符集的可变长编码方案 UTF-8。

4. UTF-8

UTF-8 对全世界所有国家需要用到的字符进行了编码规则设计，是 Unicode 编码的具体存储实现。它以一个字节表示英语字符（兼容 ASCII）。以三个字节表示中文，还有些语言的符号使用两个字（例如俄语和希腊语符号）或四个字节。

Python3.x 完全支持中文字符，默认使用 UTF-8 编码格式，无论是一个数字、英文字母，还是一个汉字，在统计字符中长度时都按一个字符对待和处理。

字符串属于不可变序列，这意味着不可以直接修改字符串的值。

UTF-8 编码格式示例如下：

```
>>> 'python 很流行'.encode('utf8')        #采用 UTF-8 编码格式进行字符编码
b'python\xe5\xbe\x88\xe6\xb5\x81\xe8\xa1\x8c'          #字节编码
>>> 'python 语言'.encode("gb2312")
b'python\xd3\xef\xd1\xd4'
>>>'python 语言'.encode('gb2312').decode('utf8')  #编码和解码格式不一致，导致错误
Traceback(most recent call last)
UnicodeDecodeError:utf-8 code can't decode byte 0xd3 in position 6:invalid continuation byte
>>>'python 语言'.encode('gb2312').decode('gb2312') #编码和解码格式一致，正确显示内容
>>>len('python 语言')                    #求字符串长度，中文字符和英文字符都算一个
8
>>>s = "hello"
>>>s[0] = "w"                            #字符串是不可变序列，不允许直接修改其值
Traceback(most recent call last):
TypeError: 'str'object does not support item assignment
>>>id(s)
45901000
>>>s = python                            #修改字符串变量的值会导致重建一个对象
>>>id(s)
30758648
```

4.2　字符串的表示形式

字符串在 Python 中是十分重要的类型，一般用引号中间添加字符的形式表示。不同于其他语言，Python 中双引号(" ")与单引号(' ')是不加区分的，都可以用来表示字符串。字符中有以下三种表示方式。

1. 使用单引号（' '）包含字符

单引号使用示例如下：

'Python'　　　'abc'　　　'中国'

> **注意：** 单引号表示的字符串里面不能包含单引号，比如 Let's go 不能使用单引号包含。

2. 使用双引号（" "）包含字符

双引号使用示例如下：

"PyCharm"　　　"ABC"　　　"北京"

> **注意：** 双引号表示的字符中里面不能包含双引号，并且只能有一行。

3. 使用三引号(''' '''或""" """)包含字符

三引号表示的字符串可以跨行，支持排版较为复杂的字符串。

> **注意：** 包含在一对三引号之间且不属于任何语句的内容，都被解释器认为是注释。

三引号使用代码如下：

```
' "
hello，word!
" '
```

单引号、双引号、三单引号、三双引号可以互相嵌套，用来表示复杂字符串。例如：

```
'123'    "'中国年，最西安"活动'    "'Python'语言"
```

> **注意：** Python 不支持字符类型。Python 采用字符串驻留机制，一般情况下，将短字符串（不多于 20 个字符）赋值给多个不同的对象时，内存中只有一个副本，多个对象共享该副本，但是长字符串不遵守驻留机制。
>
> 空字符串表示为' '或" "。
>
> 前缀带 r 或者 R 的字符串表示 Raw 字符串（原始字符串）。Raw 字符串中的所有字符都被看作普通字符，忽略其中的转义字符。但是字符串的最后一个字符不能是“\”。原始字符串主要用于正则表达式、文件路径或者 URL 的场合。
>
> 原始字符串的示例如下：

```
>>>path='C: \Windows\twunk.exe'
>>> print(path)                          #字符\t 被转义为水平制表符
```

```
C:\Windows wunk.exe
>>> path=r'C: \ Windows\twunk.exe'          #原始字符串，任何字符都不转义
>>>print(path)
C: \windows\trunk.exe
```

4.3　字符串的基本操作

4.3.1　字符串的访问方式

可以采用正向递增序号或者反向递减序号来访问字符串中的元素。

正向递增序号为 0～L-1，最左侧字符序号为 0，向右依次递增，最右侧字符序号为 L-1，其中 L 为字符串的长度。

反向递减序号为-1～-L，最右侧字符序号为-1，向左依次递减，最左侧字符序号为-L。

Python 字符串提供区间访问方式，采用[N:M]格式，表示字符串中索引序号从 N 到 M（不包含 M）的子字符串。其中，N 和 M 可以混合使用正向递增序号和反向递减序号。如果 N 或者 M 索引值缺失，则采用默认值。

字符也支持切片操作。

字符的访问示例代码如下：

```
>>>str ="python 程序设计基础"
>>>print(str[0],str[5],str[-1])
pn 础
>>>print(str[2:6])
thon
>>>print(st[0:-1:2])
pto 程设基
>>>print(str[:6])
python
>>>print(str[6:])
程序设计基础
>>>print(str[:])
python 程序设计基础
```

4.3.2　字符串的转义

需要在字符串中使用特殊字符时，Python 用反斜线“\”对其进行转义。反斜线字符是一个特殊字符，在字符串中表示“转义”，即反斜线与后面相邻的一个字符共同组成了新的含义。Python 中常用的转义字符参见表 4-1。

表 4-1　常用转义字符

转义字符	含　义	转义字符	含　义
\\	反斜线	\a	响铃符
\’	单引号	\b	退格符
\”	双引号	\f	换页符
\n	换行	\r	回车符
\t	水平制表符	\v	垂直制表符
\000	八进制表示的 ASCII 码对应的字符	\xhh	十六制表示的 ASCII 码对应的字符

这里特别说明一下\000 和\xhh。

转义字符以\0 或者\x 开头，以\0 开头表示后跟八进制形式的编码值，以\x 开头表示后跟十六进制形式的编码值，Python 中的转义字符只能使用八进制或者十六进制，具体格式如下：

```
\000
\xhh
```

其中：000 表示八进制数字，hh 表示十六进制数字。

ASCII 编码共收录了 128 个字符，\0 中用 3 个八进制数表示一个字符，\x 中用 2 个十六进制数表示一个字符。

我们一直在说 ASCII 编码，没有提及 Unicode、GBK、Big5 等其他编码（字符集），是因为 Python 转义字符只对 ASCII 编码（128 个字符）有效，超出范围的行为是不确定的。

C 语言把空字符“\0”作为字符串的结束标志，但是在 Python 中，空字符是作为一个普通字符处理的，示例如下：

```
>>>s = '\0\x61\101'          #一个空字符、一个十六进制和一个八进制表示的 ASCII 字符
>>>s
"\x00aA"                     #非打印字符用十六进制表示
>>>len(s)                    #返回字符中的长度
3
```

4.3.3　基本操作符

Python 中，字符串使用的基本操作符如表 4-2 所示。其中字符串的比较规则如下：

（1）两个字符串按照从左到右的顺序逐个字符比较，如果对应的两个字符相同，则继续比较下一个字符。

（2）如果找到了两个不同的字符，则具有较大 Unicode 码对应的字符串具有更大的值。

（3）如果对应字符都相同且两个字符串长度相同，则两个字符串相等。

（4）如果对应字符相同但两个字符串长度不同，则较长字符串具有更大的值。

表 4-2　基本字符串操作符

操作符	描　述
x+y	连接两个字符串 x 与 y
x>y、x>=y、x<y、x<=y、x==y、x!=y	按照从左到右依次比较对应字符的 Unicode 码
x*n 或 n*x	将字符串 x 复制 n 次
x in s	如果 x 是 s 的子串，返回 Tue，否则返回 False
str[i]	返回字符串 str 中索引值是 i 的字符
str[N:M]	切片，返回索引值 N 到 M 的子串，不包含 M

字符串的基本操作符示例如下：

```
>>>s1="Hello"+" "+"python"
>>>print(s1)
Hello python
>>>s2="重要的事情说三遍! " *3
>>>print(s2)
重要的事情说三遍!重要的事情说三遍!重要的事情说三遍!
>>>s3='python' in s1
>>>print(s3)
True
>>>s4=s1[7]
>>>print(s4)
y
>>>s5=s1[6:10]
>>>print(s5)
pyth
```

4.4　字符串的方法

字符串作为常用的一种数据类型，Python 语言提供了很多内建方法，如字符串的查找、分隔、连接、大小写转换、替换、删除、测试、eval()、startswith()、endswith()、center()、ljust()、rjust()等，下面分别加以介绍。

1. 字符串的查找

1) find()和 rfind()方法

find()和 rfind()方法分别用来查找一个字符串在另一个字符串指定范围（默认是整个字符串）中首次和最后一次出现的位置，如果不存在则返回-1。

find()是从字符串左边开始查询子字符串匹配到的第一个索引。

rfind()是从字符串右边开始查询字符串匹配到的第一个索引。

find()方法的语法：str.find(strs, beg=0, end=len(string))。

rfind()方法的语法：str.rfind(strs, beg=0 end=len(string))。

参数如下：

strs：指定检索的字符串；

beg：开始索引，默认为 0；

end：结束索引，默认为字符串的长度。

2) index()和 rindex()*方法*

index()和 rindex()方法分别用来返回一个字符串在另一个字符串指定范围中首次和最后一次出现的位置，如果不存在则抛出异常。

index()方法的语法：str.index(strs, beg=0, end=len(string))。

rindex()方法的语法：str.rindex(strs, beg=0, end=len(string))。

参数如下：

strs：指定检索的字符串；

beg：开始索引，默认为 0；

end：结束索引，默认为字符串的长度。

请思考：find()和 index()的区别。

二者都是返回字符串出现的位置，区别在于 find()没有找到该字符串时返回值为-1，不影响程序的运行；而 index()则会报错。

3) count()*方法*

count()方法用来返回一个字符串在当前字符串中出现的次数。

count()方法的语法：str.count(sub, start= 0, end=len(string))。

参数如下：

sub：搜索的子字符串；

start：字符串开始搜索的位置，默认为第一个字符，第一个字符索引值为 0；

end：字符串中结束搜索的位置，字符中第一个字符的索引为 0，默认为字符串的最后一个位置。

字符串查找的代码示例如下：

```
>>>mystr="Python is an excellent language"
>>> index=mystr.find("an",11,50)
>>> index
24
>>>index= mystr. find(an)
>>>print(index)
10
>>> rindex=mystr.rfind("an")
>>> rindex
24
>>>index = mystr.find("programming")
```

```
>>>print(indx)
-1
>>>index= mystr.index("excellent",0,30)
>>>print(index)
13
>>> rindex=mystr.rindex("on")
>>> rindex
4
>>> index=mystr.index("tt")              #抛出异常
Traceback (most recent call last):
  File "<pyshell#43>", line 1, in <module>
    index=mystr.index("tt")
ValueError: substring not found
>>>str="i love python ,i am learning python"
>>>print(str.count("i"))
3
>>>print(str.count("i",2))                    #从 str 中索引号是 2 开始的子串中统计
2
```

2. 字符串的分隔

1) split()和 rsplit()方法

split()和 rsplit()方法分别用来以指定字符为分隔符，把当前字符串从左往右、从右往左分隔成多个字符串，并返回包含分隔结果的列表。如果不指定分隔符，则字符串中的任何空白符号（空格、换行符、制表符等）都将被认为是分隔符，连续多个空白字符被看作一个分隔符。

split()方法通过指定分隔符对字符串进行切片，如果参数 num 有指定值，则分隔 num 次，返回 num+1 个子字符串。

split()方法的语法：str.split(str="", num=string.count(str))。

参数如下：

str：分隔符，默认为所有的空字符，包括空格、换行(\n)、制表符(\t)等。

num：分割次数，默认为-1，即分隔所有。

2) partition()和 rpartition()方法

partition()和 rpartition()方法用来以指定字符串为分隔符，将原字符串分隔为三部分：分隔符前的字符串、分隔符字符串、分隔符后的字符串，返回类型是一个元组。如果指定的分隔符不在原字符串中，则返回原字符串和两个空字符串。

partition()方法的语法：str.partition(strs)。

参数如下：

strs：指定的分隔符。

字符串分隔的代码示例如下：

```
>>>str='Winxp||Win7||Win8||Win10'
>>>print(str.split("||"))
['Winxp', 'Win7','Win8', 'Win10']
>>>print(str.split('||',2))                    #指定最大分隔次数为 2
['Winxp', 'Win7', 'Win8||Win10']
>>>print(str.rsplit('||',2))
['Winxp||Win7', 'Win8', 'Win10']
>>>str. partition("||")
('Winxp', '||','Win7||Win8||Win10')
>>> str. rpartition("||")
('Winxp||Win7||Win8', '||', 'Win10')
>>> str. partition("*")
('Winxp||Win7||Win8||Win10', '', '')     #该分隔符不存在，返回原字符串和两个空串
```

3. 字符串的连接

join()方法用来将列表中的多个字符串元素进行连接，形成一个字符串，并且在相邻两个字符串之间插入指定字符。

join()方法的语法：str.join(sequence)。

参数如下：

sequence：要连接的元素序列。

字符串连接的示例如下：

```
>>>test=("I","love","Python")
>>>s = "  ".join(test)                          #指定插入字符为空格
>>>s
I love Python
```

使用“+”运算符也可以连接字符串，但是效率较低，应优先使用 join()方法。

4. 字符串的大小写转换

lower()方法返回小写字符串，upper()方法返回大写字符串，capitalize()方法将字符串首字符大写，title()方法将字符串中每个单词首字符大写，swapcase()方法完成大小写互换，示例如下：

```
>>>s="i am a teacher"
>>> s.lower()
'i am a teacher'
>>> s.upper
'I AM A TEACHER'
>>> s. capitalize()
'I am a teacher'
>>> s. title()
```

```
'I Am A Teacher'
>>>s.swapcase()
'I AM A TEACHER'
```

例 4-1　将字符串“Hello Python,Hello world”中所有英文字母都转换成小写。

例 4-1 的代码如下：

```
strings="Hello Python, Hello world"
print(strings.lower())
```

运行结果如下：

```
hello python, hello world
```

5. 字符串的替换

replace(old,new,max)方法把字符串中的 old（旧字符串）替换成 new（新字符串），如果指定第三个参数 max，则替换不超过 max 次，示例如下：

```
>>>str="this is string example... wow!!! this is really string"
>>>print (str. replace("is","was") )
thwas was string example… wow!!! thwas was really string
>>>print(str.replace("is","was",3))
thwas was string example… wow!!! thwas is really string
```

6. 字符串的删除

strip()方法用于移除字符串头尾指定的字符（默认为空格）或字符序列，rstrip()方法删除字符串右端指定的字符，lstrip()方法删除字符串左端指定的字符。

注意：该方法只能删除开头或是结尾的字符，不能删除中间部分的字符。

字符串删除的代码示例如下：

```
>>>s="      he is a student\t\t"
>>> s. strip()      #删除 s 左右两端的空白字符，包括空格、制表符、换行符、中文空格等
'he is a student'
>>>s.rstrip("\t")   #删除 s 右端的\t 的字符
'      he is a student'
>>> 'aabbccddeeeffg'. strip('gaef ')
'bbccdd'
```

7. 字符串的测试

isalnum()、isalpha()、isdigit()、isdecimal()、isnumeric()、isspace()、isupper()、islower()方法分别用于测试字符是否为数字或字母、是否为字母、是否为数字字符、是否为小数、是否为空白字符、是否为大写字母以及是否为小写字母，满足条件时返回 True，不满足时返回 False，示例如下：

```
>>>'1234abcd'.isalnum()
```

```
True
>>>'1234abcd'.isalpha()                    #全部为英文字母时返回 True
False
>>>'1234abcd'.isdigit()                    #全部为数字时返回 True
False
>>> '1234'.isdigit()
True
>>>'九'. isnumeric()                       #isnumeric()方法支持汉字数字
True
>>>'IVIIIX'.isnumeric()                    #支持罗马数字
True
>>>'123'.isdecimal()
True
```

8. eval()方法

内置函数 eval()尝试把任意字符串转化为 Python 表达式并求值，示例如下：

```
>>>eval("10*2/5")
4.0
```

9. startswith()、endswith()方法

这两个方法用来判断字符串是否以指定字符串开始或者结束。

（1）startswith()方法的语法：str.startswith(str, beg=0,end=len(string))。

参数如下：

str：检测的字符串；

strbeg：可选参数用于设置字符串检测的起始位置；

strend：可选参数用于设置字符串检测的结束位置。

（2）endswith()方法的语法：str.endswith(suffix[, start[, end]])。

参数如下：

suffix：该参数可以是一个字符串或者是一个元素；

start：字符串中的开始位置；

end：字符中结束位置。

startswith()、endswith()的代码示例如下：

```
>>>"test. py" .endswith((".py",".cpp",".java"))
True
>>>"test.py". startswith("test",0)
True
```

10. center()、ljust()、rjust()方法

这三个方法用于返回指定宽度的新字符串，原字符串居中、左对齐或右对齐出现在新字符串中。如果指定的宽度大于字符串长度，则使用指定的字符(默认为空格)填充。

（1）center()方法的语法：str.center(width[, fillchar])。

参数如下：

width：字符串的总宽度；

fillchar：填充字符。

center()方法返回一个指定的宽度居中的字符串，fillchar 为填充的字符，默认为空格。如果 width 小于字符串宽度直接返回字符串，否则使用 fillchar 去填充。

（2）ljust()方法的语法：str.ljust(width[, fillchar])。

参数如下：

width：指定字符串长度；

fillchar：填充字符，默认为空格。

ljust()方法返回一个原字符串左对齐，并使用空格或者指定填充字符填充至指定长度的新字符串。如果指定的长度小于原字符串的长度则返回原字符串。

（3）rjust()方法的语法：str.rjust(width[, fillchar])。

参数如下：

width：指定填充指定字符后中字符串的总长度；

fillchar：填充的字符，默认为空格。

rjust()返回一个原字符串右对齐，并使用指定填充字符或者空格填充至长度的新字符串。如果指定的长度小于字符串的长度则返回原字符串。

center()、ljust()、rjust()的代码示例如下：

```
>>>"let's begin".center(20," +")
"++++let's begin+++++"
>>>"let's begin".ljust(20,"-")
"let's begin---------”
>>> "let's begin".rjust(20,"&")
'&&&&&&&&&let's begin'
```

11. 字符串常量

Python 标准库 sting 中定义了数字字符（string.digits）、标点符号（string.punctuation）、英文字母（string.ascii_letters）、大写字母（string.ascii_uppercase）、小写字母（string.ascii_lowercase）等常量，示例代码如下：

```
>>> import sting
>>> string. digits
'0123456789'
>>>string.punctuation
'!"#$%&\'()*+,-./:;<=>?@[\\]^_`{|}~'
>>>string.ascii_letters
'abcdefghijklmnopqrstuvwxyzABCDEFGHIJKLMNOPQRSTUVWXYZ'
>>> string. ascii_lowercase
'abcdefghijklmnopqrstuvwxyz'
>>> string. ascii_uppercase
```

```
'ABCDEFGHIKLMNOPQRSTUVWXYZ'
```

4.5　字符串的格式化

Python 的字符串格式化有两种方式：格式化表达式和 format()方法。

4.5.1　格式化表达式

字符串格式化表达式用%表示，%之前是需要进行格式化的字符串，%之后是需要填入字符串中的实际参数，语法格式为：“%格式控制符”%实际参数。

Python 常用的格式控制符如表 4-3 所示。

表 4-3　Python 常用的格式控制符

格式字符	含　义	格式字符	含　义
%c	单个字符	%o	八进制整数
%s	字符串	%x	十六进制整数（小写字母）
%d	十进制整数	%X	十六进制整数（大写字母）
%f	十进制浮点数	%E	指数格式的浮点数（底是 E）
%e	指数格式的浮点数（底是 e）	%b	二进制整数

此外，格式化控符还支持如下形式：

（1）m.n：m 是数字的总宽度，n 是小数位数；

（2）-：用于左对齐；

（3）+：在正数前面显示加号；

（4）0：显示的数字前面填充“0”，取代空格。

格式化表达式的代码示例如下：

```
>>>print('My name is %s and weight is %d kg! '%('Tom', 30))
My name is Tom and weight is 30 kg!
>>>print('%c'%97)
a
>>>print('%f ' %3.1415926)              #默认保留 6 位小数
3.141593
>>>print('%20.2f '% 3.1415926)          #返回的数字宽度是 20 位，保留 2 位小数，默认右对齐
3.14
```

4.5.2　format()方法

字符串 format()方法的格式为：<模板字符串>. format（<逗号分隔的参数>）。

其中：<模板字符串>是由一系列占位符组成的，用来控制字符串中嵌入值的出现位置

及格式；<逗号分隔的参数>按照序号顺序替换到<模板字符串>的占位符处。占位符如何被替换取决于每个格式说明符，格式说明符以“:”作为其前缀来表示。

占位符用大括号（{}）包括起来，如果大括号中没有序号，则按照位置顺序替换。除了通过序号来指定填充的参数外，还可以通过关键字参数、下标、字典的键或对象的属性来填充。

format()方法的代码示例如下：

```
>>>print('{}:计算机{}的 CPU 占用率为{}%.'.format('2019-01-30', 'Python',10))
2019-01-30:计算机 Python 的 CPU 占用率为 10%.
>>>print('{1}:计算机{0}的 CPU 占用率为{2:3.1f}%.'. format('Python', '2019-01-30',10))
2019-01-30:计算机 Python 的 CPU 占用率为 10.0%.
>>>print('{date}:计算机{process}的 CPU 占用率为{per}%.'.format(date='2019-01-30', \
process='Python', per=10))
2019-01-30:计算机 Python 的 CPU 占用率为 10%.
>>>names=[' Romeo', ' Juliet']
>>>print('I am (args[0]),I love (args[1]). '.format(args=names))
I am Romeo,I love Juliet.
>>>person ={'name': 'Liu','age': 24, 'job': 'Pythoneer'}
>>>print('I am {person[name]},{person[age]}years old,a{person[job]}.'.format(person=person)
I am Liu,24 years old,a Pythoneer.
```

4.6 案例实战

例 4-2　编写程序，输入任意一个字母，将字母循环后移 5 个位置后输出显示。

例 4-2 的代码如下：

```
c= input("Please input a character:")
if c. isalpha():                                   #判断输入字符串是否为字母
    if 'a'<=c<='u' or 'A'<=c<='U':
        result = chr(ord(c) + 5)
    if   'v' <=c<='z' or 'V'<=c<='Z':
        result = chr(ord(c)-21)
    print(result)
else:
    print("You must input a character,not is{0}".format(c))
```

程序运行结果如下：

```
==== RESTART: C:\Users\Administrator\Desktop \案例代码\第 4 章\4-1.py ====
Please input acharacter:
==== RESTART: C:\Users\Administrator\Desktop \案例代码\第 4 章\4-1.py ====
```

```
Please input a character:a
f
==== RESTART: C:\Users\Administrator\Desktop\案例代码\第 4 章\4-1.py ====
Please input a character:g
l
==== RESTART: C:\Users\Administrator\Desktop\案例代码\第 4 章\4-1.py ====
Please input a character:z
e
```

例 4-3　编写程序，生成 100 个 4 位数的验证码，从中随机挑选一个。

例 4-3 的代码如下：

```
import string                              #导入 string 模块
import random                              #导入随机数模
characters =string.digits                  #创建数字字符变量
#print(characters)
def getRandompwd(n):
    pwd=""                                 #用来存 1 个 4 位数的验证码
    pwdlist=[]                             #用来存 n 个验证码的列表
    for i in range(n):                     #本循环用来生成 100 个验证码
        pwd=""
        for j in range(4):                 #本循环用来生成 1 个 4 位数的验证码
            pwd=pwd+random.choice(characters)
        pwdlist.append(pwd)
    return pwdlist                         #返回的是一个包含 100 个 4 位数的验证码列表

verifcode=random.sample(getRandompwd(100),1)        #从 n 个验证码中随机选择一个
print("验证码为：{[0]}".format(verifcode))           #输出该验证码
if __name__=="__main__":
#随机从返回的列表样本中抽取 1 个 4 位
    verifcode =random.sample(getRandompwd(100),1)
    print("验证码为:{[0]}".format(verifcode))
```

程序运行结果如下：

```
==== RESTART: C:\Users\Administrator\Desktop \案例代码\第 4 章\4-2.py ====
验证码为：6819
```

课 后 习 题

1. 当需要在字符中使用特殊字符时，Python 用（　　）作为转义字符。

A.\　　B./　　C.#　　D.%

2. 下列数据中，不属于字符串的是（　　）。

A. 'abc'　　B. "Python"　　C "51job"　　D._ main

3. 下列方法中，能够返回某个字符在字符串中出现的次数的是（　　）。

A. len()　　B. index()　　C. count()　　D. find()

4. 三个字符串变量 a='I' ;b='like' ;c= 'Python'，拼接输出字符串 'I like python'。下面不正确的语句是（　　）。

A. print(a,b,c)　　B. print(a+' '+b+' '+c)

C. print("%s　%s　%s" % (a,b,c)　　D. print(a.join(b).join(c))

5. 不能正确输出字符串 I like python 的语句是（　　）。

A. print('I {} Python' .format('like')　　B. print('I {} python'. replace(' {}', 'like'))

C. print('I {} python'%('like'))　　D. print('I %s pyhon'%('like'))

6. 制作趣味模板程序。用户输入姓名、地点、爱好，根据用户的姓名、地点和爱好进行组合显示，如可爱的 XXX，最喜欢在 XXX 地方进行 XXX。

7. 编写一个程序，统计字符串中指定字符出现的次数（不能使用 count()方法）。例如，统计字符串" Count the number of spaces."中空格的数量。

第 5 章　Python 序列结构

本章重点

1. 列表的创建、删除、拷贝、访问、切片、比较、成员测试操作
2. 元组的创建、删除、下标访问、切片等基本操作
3. 字典的创建、删除、元素访问、元素修改、元素删除、元素排序等基本操作
4. 集合的创建、删除、元素的增加、元素的删除、集合的运算等基本操作

本章难点

1. 列表的创建、删除、访问、排序、切片、比较、成员测试
2. 字典的创建、删除和基本操作

Python 序列类似于 C 语言中的数组，但功能要强大很多。Python 中常用的序列结构有列表、元组、字符串、字典、集合以及 range 等。除了字典和集合属于无序序列外，列表、元组和字符串都是有序序列。本章主要介绍列表、元组、集合、字典的定义和使用。使用序列结构，可以给我们编写 Python 程序带来很大的便利。

列表、字符串、元组属于有序序列，支持双向索引，支持切片操作。字典和集合属于无序序列，字典可以通过“键”作为下标来获取其中的“值”，集合不支持使用下标方式来访问。列表支持在任意位置插入和删除元素，但一般建议尽量从列表的尾部进行插入和删除，这样可以更高效。切片可以返回列表、元组、字符串中的部分元素，也可以对列表中的元素进行修改。列表推导式和生成器推导式可以使用简洁的形式来生成满足特定需要的列表和元组。

5.1　序列概述

序列（sequence）是一种用来存放多个值的数据类型。序列中对象类型可以相同也可以不同（字符串除外）。序列中的每个元素可以通过索引来进行访问（集合类型除外）。序列按照其中的元素是否可变分为可变序列和不可变序列，按照元素是否有序分为有序序列和无序序列，具体参见表 5-1。

表 5-1　序列结构比较

比较项目	序数类型				
	列　表	元　组	字　典	集　合	字符串
类型名称	list	tuple	dict	set	str
界定符	[]	()	{}	{}	" "或者' '
是否可变	可变	不可变	可变	可变	不可变
是否有序	有序	有序	无序	无序	有序
是否支持下标	支持（索引号）	支持（索引号）	支持（键）	不支持	支持
元素分隔符	,	,	,	,	无
元素值的要求	无	无	键必须可哈希	可哈希	无
元素形成的要求	无	无	键:值对	可哈希	无
元素是否可重复	是	是	“键”不允许重复，“值”可以重复	否	是
元素查找速度	非常慢	很慢	非常快	非常快	慢
新增和删除元素速度	尾部操作快 其他位置慢	不允许	快	快	慢

5.2　列　表

列表是Python内置的有序、可变序列。列表的所有元素放在一对中括号中，并使用逗号分隔开。当列表元素增加或删除时，列表对象自动进行扩展或收缩内存，保证元素之间没有空隙。

在Python中，一个列表中的数据类型可以各不相同，也可以同时为整数、实数、字符串等基本类型，甚至是列表、元组、字典、集合或其他自定义类型。

Python中列表存放的元素是值的引用，并不直接存储值，类似于其他语言的数组。

需要注意的是，列表的功能虽然非常强大，但是负担也比较重，开销较大，在实际开发中，最好根据实际的问题选择一种合适的数据类型，要尽量避免过多地使用列表。

5.2.1　列表的创建和删除

将列表元素放置在一对方括号内，以逗号分隔，将这个列表赋值给变量，即可创建列表。也可以使用list()函数将元组、range对象、字符串或其他类型的可迭代对象转换列表。当不再使用时，使用del命令删除整个列表，示例如下：

```
>>>a = [1,2,3,4,]
>>>b = ['a', 'b', 'c', 'd']
>>>c = ["123", a, b]
>>>c
```

```
['123', [1, 2, 3, 4], ['a', 'b', 'c', 'd']]
>>>d = list("abc")
>>>d
['a', 'b', 'c']
>>>list(range(1, 10, 2))
[1, 3, 5, 7, 9]
>>>del   a
```

5.2.2　列表的赋值和拷贝

1. 浅拷贝

浅拷贝，拷贝的是父对象，不会拷贝到内部的子对象。浅拷贝会创建新对象，其内容是原对象的引用。之所以称为浅拷贝，是因为它仅仅只拷贝了一层。

如果原列表中只包含整数、实数、复数等基本类型或元组、字符串这样的不可变类型的数据，一般是没有问题的（不会影响）。但是如果原列表中包含列表、字典之类的可变数据类型，那么修改原列表或新列表中任何一个都会影响另外一个（针对使用序列提供的方法）。

浅拷贝的代码示例如下：

```
>>> import copy
>>> a=[1,2,[3,4],5]
>>> b=copy.copy(a)
>>> a
[1, 2, [3, 4], 5]
>>> b
[1, 2, [3, 4], 5]
>>> id(a)
47178896
>>> id(b)
47141632
```

以上例子的内存浅拷贝如图 5-1 所示。

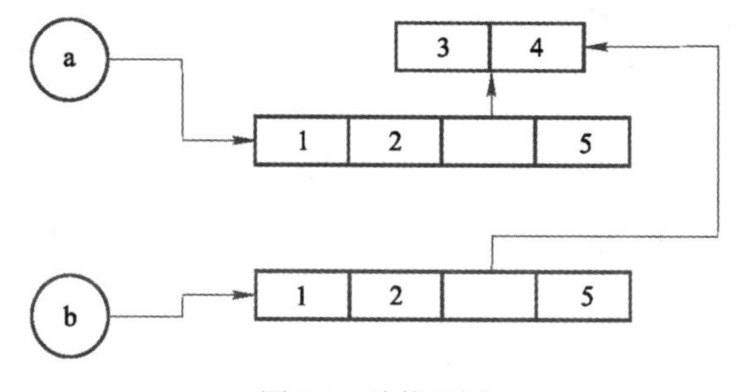

图 5-1　浅拷贝图

接下来我们更改 a 的数据，示例如下：

```
>>> a.append(6)          #在列表 a 中增加元素 6
>>> a
[1, 2, [3, 4], 5, 6]     #a 列表的值已发送改变
>>> b
[1, 2, [3, 4], 5]        #b 列表中的值没有发生改变
```

从输出结果来看，可以发现浅层的数据更改（第一层）并没有让 b 发生变化。接下来进行子对象数据（深层数据）的更改，示例如下：

```
>>> a[2].append(7)
>>> a
[1, 2, [3, 4, 7], 5, 6]
>>> b
[1, 2, [3, 4, 7], 5]
```

可以发现 b 发生了改变，发生在第二层的列表也跟着改变了。

2. 深拷贝

之所以称为深拷贝，是因为它可以拷贝父对象及其子对象两层。原始对象的改变不会造成深拷贝里任何子元素的改变。使用 copy 模块中的 deepcopy()函数进行深拷贝，代码如下：

```
>>> import copy
>>> a=[1,2,[3,4],5]
>>> b=copy.deepcopy(a)
>>> a
[1, 2, [3, 4], 5]
>>> b
[1, 2, [3, 4], 5]
>>> id(a)
47160416
>>> id(b)
47179336
>>> a is b
False
```

以上例子的内存深拷贝如图 5-2 所示。

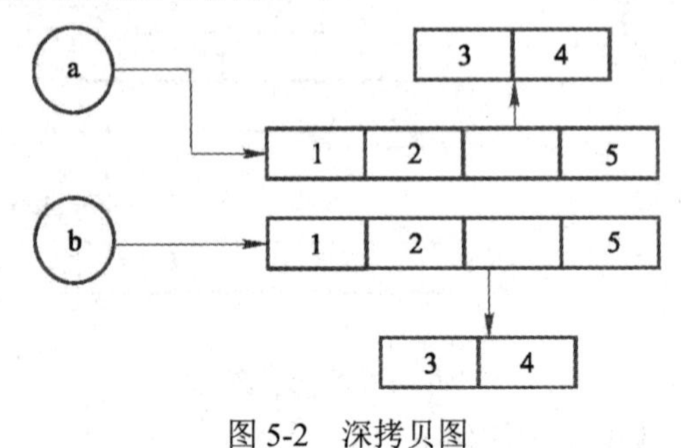

图 5-2　深拷贝图

接下来我们更改 a 的数据，示例如下：

```
>>> a.append(6)
>>> a
[1, 2, [3, 4], 5, 6]
>>> b
[1, 2, [3, 4], 5]
```

从输出结果来看，可以发现浅层的数据更改（第一层）并没有让 b 发生变化。接下来进行子对象数据（深层数据）更改，示例如下：

```
>>> a[2].append(7)
>>> a
[1, 2, [3, 4, 7], 5, 6]
>>> b
[1, 2, [3, 4], 5]
```

从上面的输出结果来看，b 不会发生改变。

3. 直接赋值

在 Python 中，对象赋值实际上是拷贝对象的引用。当创建一个对象，然后把它赋给另一个变量的时候，Python 并没有拷贝这个对象，而只是拷贝了这个对象的引用。如果原始列表改变，被赋值的对象也会做相同的改变，示例如下：

```
>>> a=[1,2,[3,4],5]
>>> b=a
>>> a
[1, 2, [3, 4], 5]
>>> b
[1, 2, [3, 4], 5]
>>> id(a)
36761768
>>> id(b)
36761768
```

以上例子的赋值内存如图 5-3 所示。

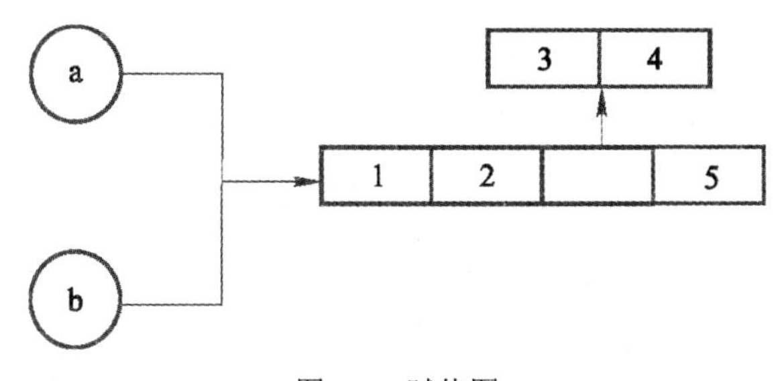

图 5-3　赋值图

接下来我们来改变 a 的值去观察 b 的值，改变 b 的值观察 a 的值的变化，示例如下：

```
>>> a.append(8)
>>> a
[1, 2, [3, 4], 5, 8]
>>> b
[1, 2, [3, 4], 5, 8]
>>> b.append(9)
>>> b
[1, 2, [3, 4], 5, 8, 9]
>>> a
[1, 2, [3, 4], 5, 8, 9]
```

从输出结果来看，无论是 a 还是 b 改变，另外一个变量都会随之改变。

5.2.3　列表的常用操作

列表的常用方法参考表 5-2。

表 5-2　列表的常用方法

序号	函　数	说　明
1	append(x)	将元素 x 添加至列表 list 尾部
2	extend(L)	将列表 L 中所有元素添加至列表 list 尾部
3	insert(index,x)	在列表 list 指定位置 index 处添加元素 x，该位置后面的所有元素后移一个位置
4	remove(x)	在列表 list 中删除首次出现的指定元素 x，该元素之后的所有元素前移一个位置
5	pop([index])	删除并返回列表 list 中下标为 index（默认为-1）的元素
6	clear()	删除列表 list 中所有元素，但保留列表对象
7	index(x)	返回列表 list 中第一个值 x 的元素的下标，若不存在值为 x 的元素则抛出异常
8	count(x)	返回指定元素 x 在列表 list 中出现的次数
9	reverse()	对列表 list 所有元素进行逆序
10	sort(key=None, reverse=False)	对列表 list 中的元素进行排序，key 用来指定排序依据，reverse 决定升序（False）还是降序（True）
11	copy()	返回列表 list 的浅拷贝
12	deepcopy(list)	返回列表 list 的深拷贝

1. 把其他数据类型转换到列表

使用 list()函数可以完成可迭代对象到列表的转换，字符串对象可以通过 spit()方法完成到列表的转换，示例如下：

```
>>> list("cat")
['c' , 'a' , 't']
>>>a_ tuple=(100,200,300)
>>> list(a_tuple)                              #转化元组到列表
[100,200,300]
>>> birthday='07/28/1974'
>>> birthday. split("/")                       #转化字符串到列表
['07', '28','1974']
```

2. 列表元素的访问与计数

列表元素的访问采用 alist[offset]方式，offset 可以是正整数，也可以是负整数。当 offset 为正整数时，表示从列表头开始计数，0≤offset≤len(alist)-1。当 offset 为负整数时，表示从列表末尾开始计数，-len(alist)≤offset≤-1。当列表元素是序列时，可以采用二级下标方式 alist[offset1][offset2]。当 offset 不在约定的范围内时，会引发“IndexError”异常，示例如下：

```
>>>a =[1,2,3,4,5,6, "abcd"]
>>>a[0]
1
>>>a[5]
6
>>>a[6]
'abcd'
>>>a[-1]
'abcd'
>>>a[-7] =10
>>>a
[10,2,3,4,5,6, 'abcd']
>>>a[6][0]                          #使用二级索引
'a'
```

列表对象的 count()方法用来统计指定元素在列表中出现的次数，例如：

```
>>>aList = [3,4,5,5.5,7,9,11,13,15,7]
>>>aList.count(7)
2
```

3. 列表元素的增加

列表元素的添加可以使用 append()、extend()和 insert()，或者使用“+”“*”运算符。除了“+”运算符外，其他几个方法都属于原地操作。

通过下标来修改序列中元素的值或通过可变序列对象自身提供的方法来增加和删除元素时，序列对象在内存中的起始地址是不变的，仅仅是被改变值的元素地址发生了变化，这就是所谓的“原地操作”。

1) append()方法

通过 append()方法在当前列表尾部追加元素，是原地修改列表，速度较快，示例代码如下：

```
>>> alist=[3,4,5,6]
>>> alist. append(7)
>>> alist
[3,4,5,6,7]
```

2) extend()方法

使用列表对象的 extend()方法可以将另一个迭代对象的所有元素添加至该列表对象尾部。通过 extend()方法来增加列表元素也不改变其内存首地址，属于原地操作，示例代码如下：

```
>>> alist=[1,2,3,4]
>> alist. extend([5, 6])
>>> alist
[1,2,3,4,5,6]
```

3) insert()方法

使用列表对象的 insert（index,x）方法可以将元素添加至列表的指定位置。

列表的 insert()方法可以在列表的任意位置插入元素，但由于列表的自动内存管理功能，insert()方法会引起插入位置之后所有元素的移动，这会影响处理速度，示例代码如下：

```
>>> alist. insert(3, 6)                    #在下标为 3 的位置插入元素 6
>>> alist
[1,2,3,6,4,5,6]
```

4) 使用“+”运算符

使用“+”运算符的示例代码如下：

```
>>> alist=[1,2,3]
>>> id(alist)
46716808
>>> alist=alist+[4,5]
>>> id(alist)
46689896
>>> alist
[1, 2, 3, 4, 5]
```

通过“+”运算符来增加列表元素，实际上是创建了一个新列表，并将原列表中的元素和新元素依次复制到新列表的内存空间。由于涉及大量元素的复制，该操作速度较慢，在涉及大量元素添加时不建议使用该方法。

5) 使用“*”运算符

使用“*”来扩展列表对象，将列表与整数相乘，生成一个新列表，新列表是原列表中元素的重复，例如：

```
>>>   alist=[1,2,3]
>>> alist= alist *3
>>>   alist
[1,2,3,1,2,3,1,2,3]
```

当使用“*”运算符将包含列表的列表重复并创建新列表时，并不是复制子列表的值，而是复制已有元素的引用。因此，当修改其中一个值时，相应的引用也会被修改，例如：

```
>>> blist=[[1,2,3]]*3
>>> blist
[[1,2,3],[1,2,3],[1,2,3]]
>>> blistl0][0]=4
>>> blist
[[4,2,3],[4,2,3],[4,2,3]]
```

4. 列表元素的删除

1) 使用 del 命令

使用 del 命令删除列表元素的示例如下：

```
>>> alist=[1,2,3]
>>> del alist[0]                    #删除列表中的单个元素
>>>alist
[2,3]
>> del alist                        #删除整个列表
>>> alist                           #在显示列表时提示出错了，因为该列表已经不存在了
Traceback (most recent call last):
  File "<pyshell#42>", line 1, in <module>
    alist
NameError: name 'alist' is not defined
```

2) 使用列表对象的 pop()方法

使用列表的 pop()方法删除并返回指定位置（默认为最后一个）上的元素，如果给定的下标超出了列表的范围则抛出异常，例如：

```
>>> alist=list(1,2,3,4,5)
>>> alist
[1,2,3,4,5]
>>> alist. pop()
5
```

```
>>> alist
[1, 2, 3, 4]
>>> alist pop(2)
3
>> alist
[1,2,4]
alist.pop(5)     #如果下标 5 超出列表索引范围则报错
Traceback (most recent call last):
  File "<pyshell#50>", line 1, in <module>
    alist.pop(5)
IndexError: pop index out of range
```

3) 使用列表对象的 remove()方法

使用列表对象的 remove()方法删除首次出现的指定元素，如果列表中不存在要删除元素，则抛出异常，例如：

```
>>>alist
['a', 'b', 'c', 'a', 'a', 'd', 'e']
>> alist. remove('a')
>>> alist
['b', 'c', 'a', 'a', 'd', 'e']
>>> alist.remove('y')
Traceback (most recent call last):
  File "<pyshell#55>", line 1, in <module>
    alist.remove('y')
ValueError: list.remove(x): x not in list
```

运行下面的程序，可以发现当循环结束后并没有把所有的“1”都删除，只是删除了部分。

```
>>>x=[1,2,1,2,1,1]
>>> for  i  in  x:
        if  i = =1:
            x.remove(i)
>>> x
[2,2,1]
```

为什么会发生这种现象？原因在于列表的自动内存管理功能。

当删除列表元素时，Python 会自动对列表内存进行收缩并移动列表元素，以保证所元素之间没有空隙，增加列表元素时也会自动扩展内存并对元素进行移动，以保证元素间没有空隙。每当插入或删除一个元素之后，该元素位置后面所有元素的索引就都改变了。

如何解决呢？可以改变删除元素的方向，从后向前删除。当列表收缩时，右侧元素的移位就不会造成元素索引位置变化导致的错误，示例代码如下：

```
>>> a.append(6)          #在列表 a 中增加元素 6
>>> a
[1, 2, [3, 4], 5, 6]     #a 列表的值已发生改变
>>> b
[1, 2, [3, 4], 5]        #b 列表中的值没有发生改变
```

如果想观察列表每一次的变化，可以用以下代码：

```
x=[1,2,1,2,1,1]
for  i  in  range(len(x)-1,-1,-1):
    if  x[i] ==1:
        del x[i]
        print(x)
```

5. 列表元素的排序和反转

实际中，经常需要对列表的元素进行排序，可以使用 sort()和 sorted()。列表对象的 sort()方法用于按照指定的规则对列表中所有元素进行原地排序，该操作会改变原来列表元素的顺序。sorted()排序后会生成新列表，原列表不会改变。reverse()方法用于将列表所有元素逆序或翻转。列表元素的排序和反转示例代码如下：

```
>>>import random                       #导入 random 模块
>>> a= list(range(8, 20))              #生成列表
>>>random.shuffle(a)                   #打乱列表
>>> a
[15,8,14,16,10,19,13,18,11,17,12,9]
>>>b=sorted(a)                         #产生新列表存放排序结果
>>>b
[8,9,10,11,12,13,14,15,16,17,18,19,8,9]
>>>a.sort(key=str)                     #原地排序，指定排序依据为字符串大小
>>>a
[10,11,12,13,14,15,16,17,18,19,8,9]
>>>a.reverse()                         #反转列表，原地操作
>>>a
[9,8,19,18,17,16,15,14,13,12,11,10]
```

6. 列表切片操作

列表切片操作使用语法“list_name(start: end: step]”，返回列表 list_name 的一个片段。其中：

（1）start：表示切片的开始位置，默认为 0；

（2）end：表示切片的截止（不包含）位置，默认为列表的长度；

（3）step：表示切片的步长，默认为1。

当step为正整数时，表示正向切片；start为0时可以省略；当end为列表长度时可以省略；当step为1时可以省略。省略步长时，还可以同时省略最后一个冒号。

当step为负整数时，表示反向切片。这时start位置应该在end位置的右侧，否则会返回空列表。start默认为-1，end默认为列表第1个元素前面的位置（-len(list_name)-1）。其中-1表示列表最后一个元素的位置，其他以此类推。

1) 使用切片获取列表的部分元素

使用切片可以返回列表中部分元素组成的新列表。切片操作不会因为下标越界而抛出异常，而是简单地在列表尾部截断或者返回一个空列表，此时代码具有更强的健壮性，示例如下：

```
>>> numbers=[1,2,3,4,5,6,7,8]
>>>a= numbers[: :]                      #返回包含原列表中所有元素的新列
[1,2,3,4,5,6,7,8]
>> id(numbers)
43257480
>> id(a)
43257608                                #切片产生一个新列表
>>> numbers[:]                          #省略位置和步长
[1,2,3,4,5,6,7,8]
>> numbers[: :2]                        #从第1个元素开始，隔1个取元素
[1,3,5,7]
>>> numbers[: : -1]                     #反向切片
    [8,7,6,5,4,3,2,1]
>>> numbers [1: 3]                      #指定切片开始位置和位置，步长默认为1
[2,3]
>>>numbers[1: :2]                       #指定切片开始位置和步长，省略结束位置
[2,4,6,8]
>>> numbers[0:10]                       #省略步长
[1,2,3,4,5,6,7,8]
>>>numbers[10:]                         #开始位置越界，返回空列表
[]
>>>numbers[2:-3]                        #位置2在位置-3的左侧，正向切片
[3,4,5]
>>>numbers[2:-3:2]
[3,5]
>>> numbers(7: -5: -2]                  #位置7在位置-5的右侧，反向切片
[8,6]
>>> numbers[0:: -1]           #步长为负数时，end默认为列表第1个元素前面的位置
```

```
[1]
>>>numbers[0: 7:-1]          #步长为负数时，start 位置在 end 位置的左侧，返回空列表
[]
```

2) 使用切片为列表增加/删除元素

可以使用切片操作在列表任意位置插入新元素或删除元素，但这并不影响列表对象的内存地址，属于原地操作，示例如下：

```
>>>num=[1,2,3,4,5]
>>>num[len(num):]
[]
>>>num[len(num):]=[6,7,8]
>>>num
[1,2,3,4,5,6,7,8]
>>>num[:1]=[-3,-2,-1]
>>>num
[-3,-2,1,2,3,4,5,6,7,8]
>>>alist=[3,5,7,9]
>>> alist[:3]=[]                                  #删除列表中前三个元素
>>> alist
[9]
```

7. 列表推导式

列表推导式使用非常简洁的方式来快速生成满足特定需求的列表，代码具有非常强的可读性。列表推导式语法形式如下：

```
[expression for expr1 in sequence1 if condition 1
            for expr2 in sequence2 if condition2
            for expr3 in sequence3 if condition3
              …
            for exprN in sequenceN if conditionN]
```

列表推导式在逻辑上等价于一个循环语句，只是形式上更加简洁，示例如下：

```
>>> num=[a*a for a in range(10) if a !=5]
>>>num
[0,1,4,9,16,36,49,64,81]
>>>nation = ['   China', '   France   ', 'England   ']
>>> alist=[s. strip() for s in nation]      #去掉字符串的空格，如果里面带参数，则去掉字符
串里的所有参数符号
>>>alist
['China', 'France', 'England']
>>>a=[1,2,3]
```

```
>>>b=[4,5,6]
>>>c=[x*y for x in a for y in b]        #注意嵌套关系，第 2 个循环作为第 1 个循环的循环语句
>>>c
[ 4,5,6,8,10,12,12,15,18]
```

8. 列表成员测试

使用 in/ not in 运算符可以判断一个元素是否在列表中，示例代码如下：

```
>>> alist=[1,2,3]
>>>a=2
>>>a in alist
True
>>>4 not in alist
True
```

9. 列表的比较

关系运算符（<、>、==、!=、<=、>=）也可以用来对列表进行比较。两个列表的比较规则如下：比较两个列表的第一个元素，如果两个元素相同，则继续比较后面两个元素；如果两个元素不同，则返回两个元素的比较结果；一直重复这个过程直到有不同元素或者比较完所有元素为止。列表的比较的示例代码如下：

```
>>> list1=[1,2,3]
>>>list2=[2,5,6]
>>>list1>list2
False
>>> list1 < list2
True
```

10. 多个列表的迭代

使用 zip()函数可以完成对多个列表的迭代。

zip()函数用于将可迭代的对象作为参数，将对象中对应的元素打包成一个个元组，然后返回由这些元组组成的对象，这样做的好处是节约了不少的内存。

我们可以使用 list()转换来输出列表。

如果各个迭代器的元素个数不一致，则返回列表长度与最短的对象相同，利用“*”操作符，可以将元组解压为列表。

zip 语法：zip([iterable, ...])。

参数说明：iterabl：一个或多个迭代器。

返回值：返回一个对象。

示例代码如下：

```
>> a=[1,2,3]
>>> b=['a','b']
```

```
>>> c=zip(a,b)
>>> c
<zip object at 0x02C058F0>
>>> c=list(zip(a,b))
>>> c
[(1, 'a'), (2, 'b')]
>>> t=set(zip(a,b))
>>> t
{(2, 'b'), (1, 'a')}
>>> t=dict(zip(a,b))
>>> t
{1: 'a', 2: 'b'}
>>> t=tuple(zip(a,b))
>>> t
((1, 'a'), (2, 'b'))
>>> days=['Monday', 'Tuesday', 'Wednesday']
>>>courses =['math', 'english', 'computer','science']
>>>for day,course in zip(days,courses):          #当最短的列表迭代完时，zip()将停止
        print(day, ":study",course)
Monday:study math
Tuesday:study English
Wednesday: study computer
```

5.3 元　组

列表的功能虽然很强大，但给系统造成的负担也很重，这在很大程度上影响了运行效率。有时候我们并不需要那么多功能，很希望能有个轻量级的列表，元组（tuple）正是这样一种类型。

列表和元组都属于有序序列，都支持使用双向索引访问其中的元素。

元组属于不可变（immutable）序列，不可以直接修改元组中元素的值，也无法为元组增加或删除元素。

元组没有提供 append()、extend()和 insert()等方法，无法向元组中添加元素；同样，元组也没有 remove()和 pop()方法，也不支持对元组元素进行 del 操作，不能从元组中删除元素，而只能使用 del 命令删除整个元组。

元组也支持切片操作，但是只能通过切片来访问元组中的元素，而不允许使用切片来修改元组中元素的值，也不支持使用切片操作来为元组增加或删除元素。

Python 内部对元组做了大量优化，访问速度比列表更快。如果定义一系列常量值，

主要用途仅是对它们进行遍历，而不需要对其元素进行任何修改。一般建议使用元组而不用列表。

5.3.1 元组的创建和删除

将元组元素放置在一对圆括号“()”内，以逗号分隔，将这个元组赋值给变量，即可创建元组；也可以使用 tuple() 函数将列表、range 对象、字符串或其他类型的可迭代对象转换为元组。当不再使用时，可使用 del 命令删除整个元组。

```
>>>t1=(1,2,3)                        #直接把元组赋值给一个变量
>>>t1[1]=10                          #元组元素不可改变
Traceback (most recent call last):
Typeerror: 'tuple object does not support item assignment
>>>t2=(4)                            #等价于 t2=4
>>>t3=(4,)                           #元组中只有一个元素，必须在后面多写一个逗号
>>> t4 = tuple(range(5))             #将其他迭代对象转换为元组
>>>t5 = ()                           #空元组
>>>t1
(1,2,3)
>>>t2
4
>>>t3
(4,)
>>>t4
(0,1,2,3,4)
>>> color _tuple='Red', 'Green', 'Blue'    #多个元素时，可以省略()
>>> color _tuple
('Red', 'Green', 'Blue')
>>> del t4                           #只能删除整个元组
>>>delt4[1]                          #不能删除元组元素
Traceback (most recent call last)
Typeerror: 'tuple' object doesn't support item deletion
```

5.3.2 元组的基本操作

元组也是序列，因此一些用于列表的基本操作也可以用在元组上，可以使用下标访问元组的元素，支持 count() 和 index() 两个方法；可以使用 in 和 not in 运算符来判断元素是否在元组中；可以对元组进行切片等。

```
>>>t=(1,2,3)
>>> tt=tuple(range(4, 7))
```

```
>>> print(The second element in t is %d" %t[1])       #使用下标访问元组中指定位置的元素
The second element in t is 2
>>> ttt=t+ tt                                         #元组连接
>>>ttt
(1,2,3,4,5,6)
>>>tttt=ttt[1:7]                                      #元组切片
>>> tttt
(2,3,4,5,6)
>>> tttt. count(2)                                    #计算指定元素出现的次数
1
>>> tttt .index(5)                                    #计算指定元素第 1 次出现的下标
3
>>>(1,2,3)*3                                          #元组可以乘以数字
(1,2,3,1,2,3,1,2,3)
>>>matrix = ((10,11,12),(20,21,22),(30,31,32) )       #元组可以嵌套
>>>matrix
((10,11,12),(20.21,22),(30,31,32))
>>>matrix[0]
(10,11,12)
>>>matrix[0][0]
10
>>>del matrix                                         #元组的删除
```

5.3.3 生成器推导式

生成器推导式的用法与列表推导式非常相似。在形式上，生成器推导式使用圆括号作为界定符，而不是列表推导式所使用的方括号。

与列表推导式最大的不同是，生成器推导式的结果是一个生成器对象（generator object）。生成器对象类似于迭代器对象，具有惰性求值的特点，只在需要时生成新元祖。生成器推导式比列表推导式具有更高的效率，空间占用非常少，尤其适合大数据处理的场合。

使用生成器对象时，可以根据需要将其转化为列表或元组，也可以使用生成器对象__next__()方法或者内置函数 next()进行遍历，或者直接使用 for 循环来遍历其中的元素。但是不管用哪种方法访问其元素，只能从前往后访问每一个元素，不可以再次访问已访问的元素，也不支持使用下标访问其中的元素。当所有元素访问结束以后，如果需要重新访问其中的元素，必须重新创建该生成器对象。enumerate、filter、map、zip 等其他迭代器对象也具有同样的特点。

```
>>> gg=((i+2)**2 for i in range(10))          #创建生成器对象
>>>gg                                         #生成器对象
<generator object <genexpr >at 0X0000000002B7B9A8>
```

```
>>> list(gg)                              #将生成器对象转换为列表
[4,9,16,25,36,49,64,81,100,121]
>>> tuple(gg)                             #生成器对象已遍历结束，没有元素了
()
>>>g=((i+2)**2 for i in range(10))        #重新创建生成器对象
>>>g._next_()                             #使用生成器对象的_next_()方法获取元素
4
>>> next(g)                               #使用函数 next()获取生成器对象中的元素
9
```

5.4 字 典

字典（又被称为关联数组）是包含若干“键:值”元素的无序可变序列。字典中的每个元素包含用冒号分隔开的“键”和“值”两部分，表示一种映射或对应关系。定义字典时，所有的元素放在一对大括号“{}”中。

字典中元素的“键”可以是 Python 中任意不可变数据，例如整数、实数、复数，字符串、元组等可哈希数据，但不能使用列表、集合、字典或其他可变类型数据作为字典的“键”。另外，字典中的“键”不允许重复，而“值”是可以重复的。

5.4.1 字典的创建和删除

（1）使用赋值运算符“=”将一个字典赋值给一个变量即可创建一个字典变量，示例代码如下：

```
>>> empty_dict={}                         #定义一个空字典
>>> bierce={                              #定义一个非空字典
"day": "A period of twenty-four hours",
"positive": " Mistaken at the top of one's voice"
"misfortune": "The kind of fortune that never misses"
}
```

（2）使用内置类 dict 以不同形式创建字典，示例代码如下：

```
>>> lot=[(1,'a'),(2,'b'),(3,'c')]         #定义一个包含 3 个元组的列表
>>> dict(lot)
{1: 'a', 2: 'b', 3: 'c'}
>>> lot=[(1,'a'),(2,'b'),(3,'c')]         #定义一个包含 3 个元组的列表
>>> dict(lot)                             #使用 dict 类转换列表到字典
{1: 'a', 2: 'b', 3: 'c'}
>>> keys=['a','b','c','d']
>>> values=[1,2,3,4]
```

```
>>> dic=dict(zip(keys,values))                    #根据已有数据创建字典
>>> dic
{'a': 1, 'b': 2, 'c': 3, 'd': 4}
>>> color_dict=dict(name='red',value=0xff10000)   #以关键参数的形式创建字典
>>> color_dict
{'name': 'red', 'value': 267452416}
>>> tos=('1a','2b','3c')
>>> d=dict(tos)
>>> d
{'1': 'a', '2': 'b', '3': 'c'}
>>> del d['1']                                    #删除字典元素，只能通过键来删除
>>> d
{'2': 'b', '3': 'c'}
>>> del d                                         #删除整个字典
>>> d
Traceback (most recent call last):                #d 已经被删除，输出 d 时报错
  File "<pyshell#49>", line 1, in <module>
    d
NameError: name 'd' is not defined
```

5.4.2　字典的赋值和拷贝

使用赋值符“=”时，任何对原字典的修改，都会影响到指向它的新字典。

使用 copy 方法时，会产生一个新的字典，因此对原字典的修改不会影响到新字典，示例代码如下：

```
>>> dic1={"green":"go","yellow":"go slowly","red":"stop"}
>>> dic2= dic1
>>> dic1["blue"]="go fast"
>>> dic1
{'green': 'go', 'yellow': 'go slowly', 'red': 'stop', 'blue': 'go fast'}
>>> dic2
{'green': 'go', 'yellow': 'go slowly', 'red': 'stop', 'blue': 'go fast'}
>>> dic1={"green"go","yellow":"go slowly"," red": "stop"}
>>>dic2 = dic1.copy()
>>> dic1["blue"]="go fast"
>>> dic1
{'green': 'go', 'yellow': 'go slowly', 'red': ' stop', 'blue': 'go fast'}
>>> dic2
{'green': 'go', 'yellow': 'go slowly', 'red': 'stop'}
```

5.4.3　字典的基本操作

1. 字典元素的访问

使用“键”作为下标就可以访问对应的“值”，如果字典中不存在这个“键”就会抛出异常。还可以通过 get()方法返回指定“键”对应的“值”，并且允许指定该键不存在时返回特定的“值”。

使用 keys()方法得到所有的“键”，使用 values()方法得到所有的“值”，使用 items()方法得到所有的“键”和“值”对。所有得到的对象都可以迭代，但是不可以索引。

字典元素的访问的代码示例如下：

```
>>> adict={'年龄':19, '成绩':[85,90,68,72], '姓名': '王宁','sex:'男}#定义字典
>>>adict["年龄']
19                                                    #访问“键”对应的“值
>>> adict["name"]                                     #访问不存在的“键”
Traceback (most recent call last):
KeyError: 'name'
>>> adict.get('name', 'Not Exists,')                  #ge()指定键不存在返回的值
'Not Exists. '
>>> adict.keys()                                      #访问所有“键”
>>>dict_keys(['年龄', '成绩','姓名', 'sex']            #可迭代，但不可索引
>>> adict.values()                                    #访问所有“值”
dict_values([19,[85,90,68,72], '王宁', '男'])          #可迭代，但不可索引
>>>adict.items()                                      #返回整个字典内容
dict  items([('年龄',19),( '成绩',[85,90,68,72]),( '姓名','王宁),( 'sex', '男')])
```

2. 字典元素的添加

使用字典的 update()方法来添加元素，还可以使用“键”的方式来增加元素，示例如下：

```
>>> adict={"年龄':19,"成绩':[85,90,68,72], '姓名': '王宁', 'sex':'男'}
>>> adict[地址]="西安市长安区西京路 1 号"              #使用键的方式来添加元素
>>>adict
{'年龄':19, '成绩':[85,90,68,72], '姓名':'王宁',sex':'男', '地址': '西安市长安区西京路 1 号'}
>>> adict. Update({"电话":"134********"})             #使用  update()方法来增加元素
>>>adict
{'年龄':19, '成绩':[85,90,68,72], '姓名': '王宁', 'sex': '男', '地址': '西安市长安区西京路 1 号', '电
话': '134********'}
```

3. 字典元素的修改

修改字典有两种方法，可以通过“键”的方式来赋值，或者使用 update()方法，示例如下：

```
>>>adict update({"成绩":[80,90,68,70]})
>>> adict
{'年龄':19, '成绩':[80,90,68,70], '姓名': '王宁', 'ses': '男', '地址': '西安市长安区西京路 1 号', '电
```

```
话': '134********'}
    >>>adcit["成绩"]=[60,70,80,90]
    >>>adcit
    {'年龄':19, '成绩':[60,70,80,90], '姓名': '王宁', 'ses': '男', '地址': '西安市长安区西京路 1 号', '电
话': '134********'}
```

4. 字典元素的删除

删除字典元素可以使用 del 命令，也可以使用字典对象的 pop()和 popitem()方法。如果要删除字典所有元素，那么使用 clear()方法，示例如下：

```
>>> del adict["成绩"]
>>> adict
{'年龄': 19, '姓名': '王宁', 'sex ': '男', '地址': '西安市长安区西京路 1 号', '电话':
'134********'}
>>>adict.pop('sex ')          #弹出指定键对应的元素
'男'
>>>adict.popitem()            #随机返回并删除字典中的一个键/值对(一般删除末尾对)
('电话', '134********')
>>>adict
{'年龄': 19, '姓名': '王宁', '地址': '西安市长安区西京路 1 号'}
>>> adict.clear()             #用于删除字典内所有元素
>>> adict    #现实字典
{}                            #字典为空，已经被成功删除
```

5. 字典元素的排序

字典可以按照“键”或者“值”来进行排序。

sorted() 函数对所有可迭代的对象进行排序操作。

sorted 语法：sorted(iterable, cmp=None, key=None, reverse=False)。

参数说明：

iterable：可迭代对象；

cmp：比较的函数，这个具有两个参数，参数的值都是从可迭代对象中取出，此函数必须遵守的规则为：大于则返回 1，小于则返回-1，等于则返回 0；

key：主要是用来进行比较的元素，只有一个参数，具体的函数的参数就是取自于可迭代对象中，指定可迭代对象中的一个元素来进行排序；

reverse：排序规则，reverse = True 降序，reverse = False 升序（默认）。

返回值：返回重新排序的列表。

字典元素的排序的代码示例如下：

```
>>> a={"a":10,"c":1,"b":100}          #定义一个字典
>>> a
{'a': 10, 'c': 1, 'b': 100}
>>> a.items()                         #items()将字典的元素转换成了包含元组的可送代对象
```

```
dict_items([('a', 10), ('c', 1), ('b', 100)])          #返回的是一个列表形式的数据
>>> sorted(a.items(),key=lambda item:item[1])        按照“值”升序排序，取元组中的第二个元素 item[1]进行比较
[('c', 1), ('a', 10), ('b', 100)]
>>> sorted(a.items(),key=lambda item:item[0])        #按照“键”升序排序，元组中的第一个元素 item[0]进行比较
[('a', 10), ('b', 100), ('c', 1)]
```

5.5 集　合

集合（set）属于 Python 无序可变序列，使用一对大括号“{}”作为界定符，元素之间使用逗号分隔。同一个集合内的每个元素都是唯一的，元素之间不允许重复。

集合中只能包含数字、字符串、元组等不可变类型（或者说可哈希）的数据，而不能包含列表、字典、集合等可变类型的数据。

5.5.1 集合的创建和删除

直接将集合赋值给变量，即可创建一个集合对象。

```
>>>aSet={1,2,3}
>>> aSet
{1,2,3}
```

也可以使用 set()函数将列表、元组、字符串、range 对象等可迭代对象转换为集合。如果原来的数据中存在重复元素，则在转换为集合的时候只保留一个；如果原序列或迭代对象中有不可哈希的值，则无法转换成为集合，这时会抛出异常。

集合的创建和删除的代码示例如下：

```
>>> aSet= set(range(6)))                             #使用 range 对象创建集合
{0,1,2,3,4,5}
>>> bSet= set(['a', 'b', 'c', 'a'])                  #转化时自动去掉重复元素
>>> bSet                                             #集合是无序的
{'b', ' c', ' a'}
>>> cSet= set("hello")
>>> cSet
{'e', '1', 'o', 'h'}
```

5.5.2 集合的基本操作

1. 集合的赋值和拷贝

集合的赋值（=）和拷贝（copy()）与字典类似。

使用赋值符“=”时，任何对原集合的修改，都会影响到指向它的新集合。

使用 copy()方法时，会产生一个新的集合，因此对原集合的修改，不会影响到新集合。

2. 集合元素的增加

使用集合对象的 add()方法可以增加新元素，如果该元素已存在，则忽略该操作，不会抛出异常。

update()方法用于将另外一个集合中的元素合并到当前集合中，并自动去除重复元素。update 里面可以带列表类型、元组类型、集合类型、字符串类型的数据。

集合元素的增加的代码示例如下：

```
>>>s1={1,2}
>>> sl.add(3))
>>>s1
{1,2,3}
>>>s1. update([3, 4])
>>>s1
{1,2,3,4}
>>>s1. update((5, 6))
>>>s1
{1,2,3,4,5,6}
>>>s1. update({7, 8})
>>>s1
{1,2,3,4,5,6,7,8}
>>>s1. update('abc')
>>>s1
{1,2,3,4,5,6,7,8,a,b,c}
```

3. 集合元素的删除

pop()方法用于随机删除并返回集合中的一个元素，如果集合为空则抛出异常。

remove()方法用于删除集合中的元素，如果指定元素不存在则抛出异常。

discard()用于从集合中删除一个特定元素，如果元素不在集合中则忽略该操作。

clear()方法清空集合删除所有元素。

集合元素的删除的代码示例如下：

```
>>>s1. remove(1)                                        #删除指定元素 1
>>>s1
{2,3,4, 5,6,7,8,a,b,c }
>>> s1. discard(5)                                      #删除元素 5
>>>s1
{2,3,4, 6,7,8,a,b,c }
>>> s1.pop()                                            #随机删除并返回一个元素
```

```
2
>>> s1. clear0                              #清空集合内容
>>s1
set()
```

4. 集合运算

集合之间可以进行交集“&”、并集“I”、差集“-”和对称差集“^”的运算。

交集：设 A、B 是两个集合，由所有属于集合 A 且属于集合 B 的元素所组成的集合，叫做集合 A 与集合 B 的交集。

并集：给定两个集合 A、B，把他们所有的元素合并在一起组成的集合，叫做集合 A 与集合 B 的并集。

差集：以属于 A 而不属于 B 的元素为元素的集合成为 A 与 B 的差（集）。

对称差集：集合 A 与集合 B 的对称差集定义为集合 A 与集合 B 中所有不属于 A∩B 的元素的集合。

集合运算的示例代码如下：

```
>>> aSet= set(range(6))
>>> aSet
{0,1,2,3,4,5}
>>>bSet={5,6,7,8}                           #集合交集
>>> aSet & bSet
{5}                                         #集合并集
>>> aSet I bSet
{0,1,2,3,4,5,6,7,8}
>>> aSet-bSet                               #集合差集
{0,1,2.3,4}
>>> aset ^ bset                             #对称差集
{0,1,2,3,4,6,7,8}
```

另外，集合之间还可以比较大小，不同集合不一定有比较结果。

在 Python 集合中，我们比较的是集合之间的包容性，而不是简单数值之间的大小比较，示例如下：

```
>>>a={1,2,3,4,5,6}
>>>b={1,2,4}
>>>a>b                              #b 是 a 的真子集
True
>>>a==b
False
>>>c={10,22,40}                     #a,c 不属于同一个集合，无法比较
>>>a>c
```

```
False
>>>c>a
False
```

5.6　元组的封装与序列的拆封

元组的封装和序列的拆封提供了很多便利的语法特征。

所谓元组的封装指的是将多个值自动封装到一个元组中。

元组封装的可逆操作称为序列的拆封，用来将一个封装起来的序列自动拆分成若干个基本数据，可以使用序列拆封功能对多个变量同时进行赋值，示例如下：

```
>>> t="a","b","c"          #定义一个变量 t, 他的值为"a"、"b"、"c"，相当于一个元组
>>> t
('a', 'b', 'c')            #输出该变量后，他的值为元组 ，即以上的定义方式即为元组的封装
>>> a,b,c=t                #将该元组拆封，分别赋给 a、b、c 三个变量
>>> a
'a'
>>> b
'b'
>>> c
'c'
>>> x,y,z=map(str,range(3))        #使用可迭代的 map 对象进行序列拆封，将 0、1、2 转
                                   #换为字符类型，再分别赋给 x、y、z 变量
>>> x
'0'
>>> y
'1'
>>> z
'2'
>>> d={1:"a",2:"b",3:"c"}          #重新定义一个字典
>>> d
{1: 'a', 2: 'b', 3: 'c'}
>>> x,y,z=d.items()                #提取该字典里的所有键值对
>>> x
(1, 'a')
>>> y
(2, 'b')
>>> z
(3, 'c')
```

5.7 案例实战

例 5-1 编写一个 Python 程序，用来测试指定列表中是否包含计算机专业词语，如果存在，则统计出现的次数。假设专业词语包括“计算机”“大数据”“python”“数据库”。

单词检测程序代码如下：

```
import random
sensitivewords=("大数据","计算机","数据库","python")          #使用元组存放敏感词语
testwords=[random. choice(sensitivewords) for i in range(1000)] #随机产生 1000 个敏感词语
result= dict()                                                   #使用词典存放敏感词语和次数
for items in testwords:
    if items in sensitivewords:
        result[items]= result. get(items, 0)+ 1
for key, v in result.items():
    print(key, v, sep='--->')
```

程序运行结果如下：

```
= RESTART: C:\Users\Administrator\Desktop\\案例代码\第 5 章\5-1.py =
大数据--->252
计算机--->260
python--->233
数据库--->255
```

例 5-2 用户经常从网上购物，需要根据购物习惯推送一些相关产品，请问如何实现。

购物习惯推送程序代码如下：

```
from random import randrange
#随机产生购买的商品清单
data={'user'+str(i):{'product'+str(randrange(1,7)) for j in range(randrange(1,4))} for i in range(10)}
#待测用户曾经购买过的商品
user={'product1','product5','product3'}
#查找与待测用户最相似的用户和喜欢购买的商品
similarUser, products=max(data.items(),key=lambda item:len(item[1] & user))
print("和你相似的用户是:", similarUser)
print("推荐商品如下:" ,products)
```

程序运行结果如下：

```
==== RESTART: C:\Users\Administrator\Desktop\案例代码\第 5 章\5-2.py ====
和你相似的用户是: user7
推荐商品如下: {'product5', 'product4', 'product1'}
```

课 后 习 题

1. 编写程序，生成 100 个 0～200 之间的随机整数，并统计每个元素出现的次数。

2. 编写程序，用户输入一个列表和两个整数作为下标，然后输出列表中介于两个下标之间的元素组成的子列表，例如用户输入[10,20,30,40,50]和 2、4，程序输出[30,40,50]。

3. 使用列表推式生成包含 10 个数字 6 的列表。

4. 编写程序，生成包含 20 个随机数的列表，然后将前 10 个元素升序排列，后 10 个元素降序排列并输出结果。

5. 已知 x=list(range(20))，那么语句 print(x[100:200])的输出结果为 __________

6. 已知 x=list(range(20))，那么执行语句 x[:18]=[]后列表 x 的值为 __________

7. 已知 x=([1]),[2])，那么执行语句 x[0].append(3)后 x 的值为 __________

8. 为什么应尽量从列表的尾部进行增加与删除操作?

9. 表达式[1,2,3]*3 的执行结果为 __________

10. list(map(str,[1,2,3]))的执行结果为 __________

第 6 章　Python 流程控制

本章重点

1. 程序执行的三种方式
2. 顺序结构
3. 选择结构
4. 循环结构
5. break 和 continue

本章难点

1. 选择结构的嵌套
2. for…else，while…else 的使用方法

前面章节学习了 Python 的基本语法和内置的数据结构，本章我们要学习 Python 常用的流程控制语句。程序流程控制语句是程序设计语言的基础，是编程的重点。Python 通过选择语句 if、if…else、if…elif…else 和循环语句 while、for 等实现程序的流程控制功能。

6.1　程序的基本结构

6.1.1　程序流程图

程序流程图用一系列图形、流程线和文字说明描述程序的基本操作和控制流程，它是程序分析和过程描述的最基本方式。流程图的基本元素包括 7 种，如图 6-1 所示。

（a）起止框　（b）判断框　(c)处理框　(d)输入输出框　(e)连接点　(f)流向线　(g)注释框

图 6-1　流程图的基本元素

（1）起止框：表示一个程序的开始和结束；

（2）判断框：判断一个条件是否成立，并根据判断结果选择不同的执行路径；

（3）处理框：表示一组处理过程；

（4）输入输出框：表示数据输入或者结果输出；

（5）连接点：将多个流程图连接到一起；

（6）流向线：以带箭头直线或者曲线形式指示程序的执行路径；

（7）注释框：增加程序的解释。

6.1.2　条件表达式

在选择结构和循环结构中，常常需要对条件表达式的值进行判断，并根据判断结果确定下一步的执行流程。在 Python 中，条件表达式的构成要比其他语言灵活得多，单个常量、变量或者任意合法表达式（包括函数调用表达式）都可以作为条件表达式。

在条件表达式中可以使用算术运算符、关系运算符、逻辑运算符、位运算符和矩阵相乘运算符等。

（1）条件表达式值为 False 的情况。False、0(0.0、0j)、None、空列表、空元组、空集合、空字典、空字符串、空 range 对象或其他空迭代对象，Python 解释器均认为等价于 False。

（2）条件表达式值为 True 的情况。条件表达式的值只要不是 False，Python 均认为与 True 等价。

Python 不同于其他语言，条件表达式中不能使用赋值运算符“=”，否则会抛出异常。

6.1.3　程序执行的三种方式

程序执行有三种方式：顺序执行、选择执行、循环执行，这三种执行方式也被称为程序的三种结构。三种方式的流程图如图 6-2 所示。

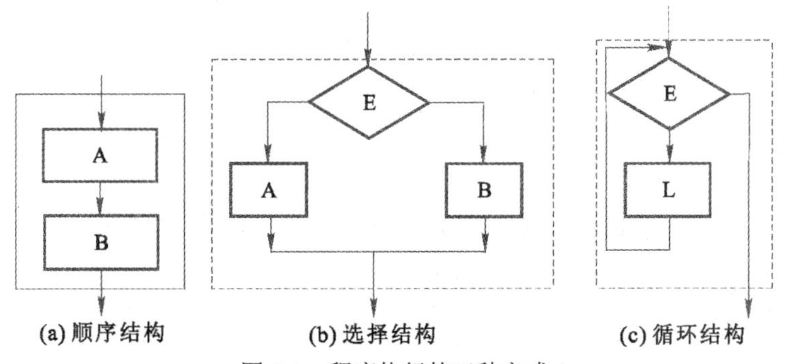

图 6-2　程序执行的三种方式

顺序结构是程序按照线性顺序依次执行的一种运行方式；选择结构是程序根据条件判断结果而选择不同向前执行路径的一种运行方式；循环结构是程序根据条件判断结果后反复执行一部分语句的一种运行方式。

1. 顺序结构

若程序中的语句按各语句出现位置的先后次序执行，称之为顺序结构，参见图 6-2。在图 6-2(a)中先执行语句块 A，再执行语句块 B，语句块之间是顺序执行关系。

例 6-1　顺序结构示例：输入一个三角形三条边的边长（为简单起见，假设这三条边可以构成三角形），计算三角形的面积。

提示：三角形面积=$\sqrt{h*(h-a)*(h-b)*(h-c)}$，其中 a、b、c 是三角形三条边的边长，h 是三角形周长的一半。

例 6-1 的流程图如图 6-3 所示。

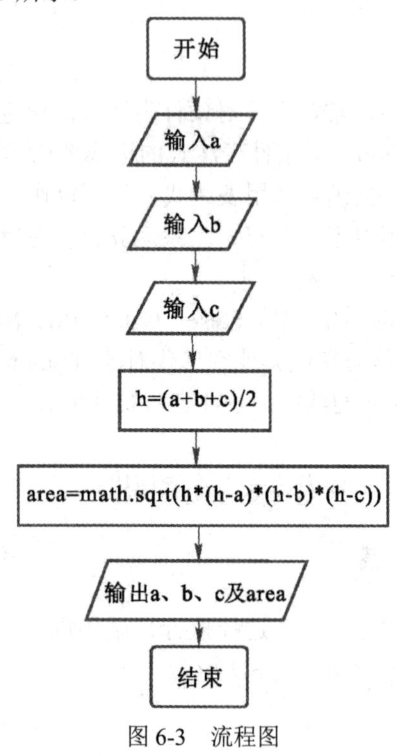

图 6-3　流程图

例 6-1 的代码如下：

```
import math
a=float(input("请输入三角形的边长 a:"))
b=float(input("请输入三角形的边长 b:"))
c=float(input("请输入三角形的边长 c:"))
h=(a+b+c)/2
area=math.sqrt(h*(h-a)*(h-b)*(h-c))
print("三角形的 3 边分别是 a,b,c：",a,b,c)
print("三角形的面积是：",area)
```

运行结果如下：

```
请输入三角形的边长 a:5
请输入三角形的边长 b:6
请输入三角形的边长 c:7
三角形的 3 边分别是 a,b,c: 5.0 6.0 7.0
三角形的面积是：14.696938456699069
```

2. 选择结构

选择结构分为单分支选择结构、双分支选择结构和多分支选择结构，三种结构的流程图如图6-4所示。

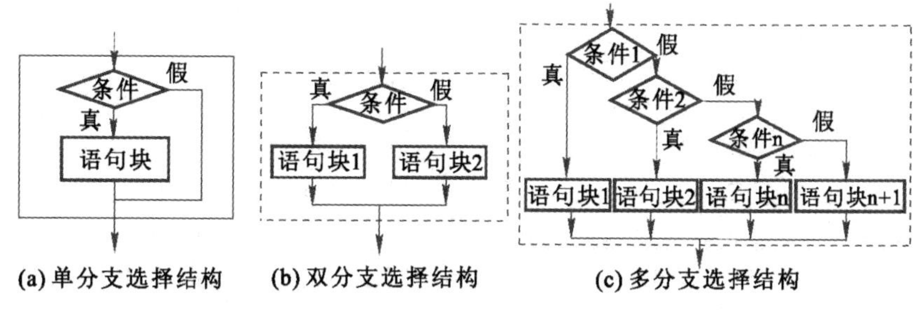

图6-4　选择结构的流程图

1) 单分支选择结构

单分支选择结构是最简单的一种形式，Python提供了if语句来支持单分支结构。其语法结构如下所示，其中冒号“:”是不可缺少的：

if 条件表达式:

　　满足条件时要执行的语句块

其中：if为Python关键字，当条件表达式的值为True或其他等价值时，条件得以满足，执行冒号后面的语句块。当条件表达式的值为False时，语句块不会被执行。

单分支选择结构的代码示例如下：

```
math=65
print('开始进入if语句并判断表达式的值是否为True')
if math >=85:                    #条件表达式
    print('数学成绩优秀')          # if语句块，满足条件执行，否则不执行
print('if语句运行结束')           #if语句结构外语句
```

程序运行结果如下：

```
====== RESTART: C:/Users/Administrator/Desktop/linshi.py ============
开始进入if语句并判断表达式的值是否为True
if语句运行结束
```

注意：

（1）if语句中关系运算符可以连用，如if 60<=math<=70;

（2）在Python中使用“=”表示赋值语句，“==”表示相等，if语句中要使用“==”；

（3）在每个条件表达式后面要使用冒号“:”来表示语句块的开始；

（4）使用缩进来划分语句块，同一段语句块中的每条语句都要保持同样的缩进。

2) 双分支选择结构

单分支结构可以决定条件为真时要做的事情，无法决定条件为假时如何做，这时就需要使用双分支选择结构的if…else语句。其语法结构如下：

if 条件表达式

满足条件时要执行的语句块 1

else

不满足条件时要执行的语句块 2

当表达式值为 True 或者其他等价值时，执行语句块 1，否则执行语句块 2。

双分支选择结构的代码示例如下：

```
day="正月初一"
if day=="年三十":                    #if语句条件表达式
    print(今天是除夕)                #满足条件时执行的语句块

else:                               #不满足条件执行的语句块
    print('过年了')
    print('可以拿压岁钱了')
```

运行结果如下：

```
===== RESTART: C:/Users/Administrator/Desktop/linshi.py ==========
过年了
可以拿压岁钱了
```

Python 还引入了条件表达式，作为一种轻量级的双分支选择结构，类似于 C 语言中的三目运算符。条件表达式的语法为：value1 if conditions else value2。

当条件表达式 conditions 的值为 True 时，整个表达式的值为 value1，否则表达式的值为 value2。此外，在 value1 和 value2 中还可以使用复杂表达式，包括函数调用和基本输入输出语句，示例如下：

```
>>>day="大年初一"
>>> action="除夕" if day=="年三十"else"非除夕"
>>>print( action)
非除夕
```

3) 多分支选择结构

如果有多个情况需要进行选择的话，使用上面两种结构已经无法解决。这时就需要使用多分支结构 if…elif…else 语句，通过它可以对 if 语句中的多个条件进行判断，然后执行相应的语句块。

if…elif…else 语句用法如下：

if 条件表达式 1:

满足条件 1 时要执行的语句块 1

elif 条件表达式 2:

满足条件 2 时要执行的语句块 2

elif 条件表达式 3:

满足条件 3 时要执行的语句块 3

elif 条件表达式 4:

满足条件 4 时要执行的语句块 4

else:

不满足上述条件时执行的语句块 5

if…elif…else 语句的执行流程如图 6-5 所示。

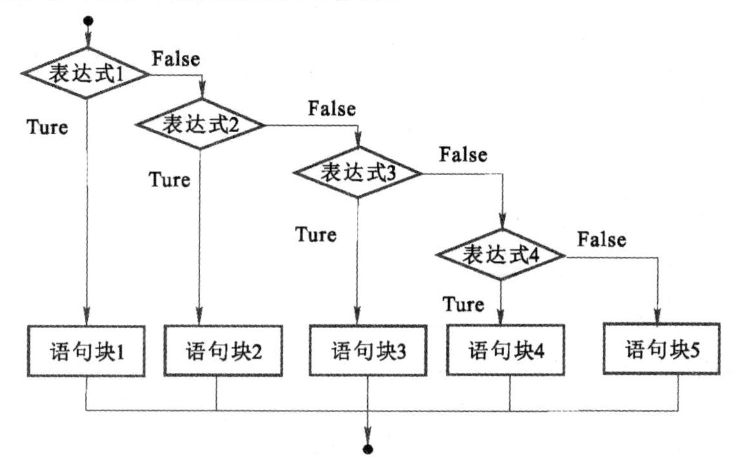

图 6-5　if…elif…else 语句执行流程

多分支选择结构的代码示例如下：

```
score= int(input("请输入你的分数:"))
if score >=90:
        print("你的等级是:A")
elif score >=80:
        print("你的等级是:B")
elif score >=60:
        print("你的等级是:C")
elif score >=40:
        print("你的等级是:D")
elif score >=0:
        print("你的等级是:E")
else:
    print("祝贺你已经完成成绩分级。")
```

程序运行结果如下：

```
======= RESTART: C:/Users/Administrator/Desktop/linshi.py =============
请输入你的分数:95
你的等级是:A
====== RESTART: C:/Users/Administrator/Desktop/linshi.py =============
请输入你的分数:79
你的等级是:C
====== RESTART: C:/Users/Administrator/Desktop/linshi.py =============
```

```
请输入你的分数:52
你的等级是:D
```

注意：

（1）不管有几个分支，程序执行了一个分支以后，其余分支不再执行；

（2）如果分支中有多个表达式同时满足条件，则只执行第一条与之匹配的语句块；

（3）在 Python 中没有 switch…case 语句；

（4） if…elif…else 允许省略 else 语句，表示前面所有条件都不满足时，不执行任何动作；

（5）elif 必须和 if 一起使用，否则程序会出错；

（6）多个条件之间的不能相互包含。

4) 选择结构的嵌套

在现实生活中，很多问题都有多个约束条件。比如，期末要将学生的成绩分为不及格、及格、中等、良好和优秀五个等级，首先要判断成绩是否大于 60 分，大于等于 60 分及格，否则不及格，对及格的成绩再判断，大于 70 分小于 80 分为中等，大于等于 80 分小于 90 分为良好，大于等于 90 分为优秀。通过分析，可以看出后面的判断条件是在前面判断成立的基础上进行的。针对这种问题，我们就可以使用 if 语句嵌套来解决。

if 语句嵌套时一定要注意同一层次的语句缩进要保持一致。

if 语句嵌套就是在一个选择结构的语句块中包含另一个选择结构，其用法如下：

```
if 条件表达式 1:
    满足条件 1 时要执行的语句块
if 条件表达式 2:
    满足条件 2 时要执行的语句块 2
else:
    不满足条件 2 时要执行的语句块 3
else:
    不满足条件 1 时要执行的语句块 4
```

if 嵌套语句的使用方法代码示例如下：

```
message=["你的成绩及格","你的成绩中等","你的成绩良好","你的成绩优秀","你的成绩不及格"]
score= int(input("请输入你的分数:"))
if 0<= score<= 100:
    index=(score-60)//10
    if index >=0:
        print(message[index])
    else:
        print(message[-1])
else:
    print("错误的成绩,成绩必须在 0 和 100 之间")
```

程序运行结果如下：

```
==== RESTART: C:/Users/Administrator/Desktop/linshi.py =============
请输入你的分数:62
你的成绩及格
===== RESTART: C:/Users/Administrator/Desktop/linshi.py =============
请输入你的分数:92
你的成绩优秀
=== RESTART: C:/Users/Administrator/Desktop/linshi.py ==============
请输入你的分数:50
你的成绩不及格
```

3. 循环结构

在日常生活或者程序处理中经常要遇到重复处理的问题，比如检查 56 个学生的成绩是否及格。Python 提供了 while 和 for 两种循环控制结构，用来处理需要进行的重复操作，直到满足某些特定条件。

while 循环一般用于循环次数难以提前确定的情况，也可以用于循环次数确定的情况。for 循环一般用于循环次数可以提前确定的情况，尤其适用于枚举或者遍历序列、迭代对象中元素的场合。

for 循环写的代码通常更加清晰简单，因此编程时建议优先使用 for 循环。相同或不同的循环结构之间可以相互嵌套，也可以和选择结构嵌套使用，用来实现更为复杂的逻辑。

while 循环和 for 循环的执行流程如图 6-6 所示。

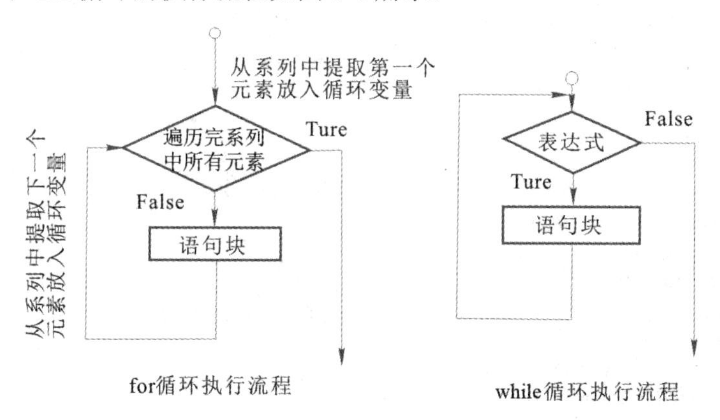

图 6-6　for 和 while 执行流程

1) while 循环

while 循环常见用法如下：

while 条件表达式：

　　循环体

当表达式的值为 Tue 或其他等价值时，执行循环体，当表达式的值为 False 或其他等价值时，退出循环，不执行循环体。如果条件表达式的值一直为 True，循环将会无限地执行下去。所以写 while 循环时，一定要注意不能出现死循环，每次循环体执行完后，都要越来越接近条件表达式为 False 的情况。

2) for 循环

for 循环常见用法如下：

for<循环变量>in<可迭代对象或迭代器>

　　循环体

循环变量从可迭代对象的第 1 个元素开始，逐个进行遍历，直到最后一个元素取完为止。

3) else 子句

while 循环和 for 循环都可以带 else 子句。

如果循环是因为条件表达式不成立而自然结束(不是因为执行了 break 而提前结束)，则执行 else 结构中的语句；如果循环是因为执行了 break 语句而提前结束，则不执行 else 结构中的语句。

for…else 语法形式如下：

for<循环变量> in <可迭代对象或迭代器>

　　循环体

else:

　　代码块

else 子句的代码示例如下：

```
#第 1 个程序
count=0                                     #初始化循环控制变量
while count <5 :                            #条件表达式的值为 True 时，执行循环体
    print (count, "is less than 5")         #注意缩进要一致
    count += 1                              #循环控制变量自增，避免死循环

else:
    print(count, "is not less than 5")     #表达式的值为 False 时执行 else 语句块
#第 2 个程序
name =["Lily","University"]                 #定义一个列表
for c in name :                             #遍历列表中的每一个元素
    if c=="Lily":
        print("founded!")
else:
    print("The search is complete")         #遍历完列表的元素后执行 print( )
print()
```

程序运行结果如下：

```
0 is less than 5
1 is less than 5
2 is less than 5
3 is less than 5
```

```
4 is less than 5
5 is not less than 5
founded!
The search is complete
```

4) 循环结构的优化

在编写循环语句时，应该尽量减少循环内部不必要的计算，将与循环变量无关的代码尽可能放到循环体的外面。对于多重循环，应尽量减少内层循环中不必要的计算，尽可能向外层循环靠。

6.2　break 和 continue 语句

break 和 continue 都是循环控制关键字，为循环结构提供额外的控制，break 和 continue 可以与 for 和 while 循环搭配使用。

当程序执行到 break 语句时，跳出并结束当前整个循环，执行循环后的语句。

当程序执行到 continue 语句时，结束本次循环，并忽略 continue 之后的所有语句，直接回到循环的顶端，提前进入下一次循环。

过多使用 break 和 continue 会严重降低程序的可读性，不要轻易使用。

下面的代码用来求 i 除以 2 的余数，如果余数为 0 结束本次循环，开始下一次循环，如果余数不为 0 则打即 i，如果 i ≥ 7 就结束整个循环，执行循环后的语句。

```
for i in range(10):
    if  i%2==0:
        continue
    print(i,end=",")
    if i>=7:
        break
else:                           #由于 break 会提前跳出循环体，所以 else 子句不会得以执行
      print("循环结束")
```

程序运行结果如下：

```
1,3,5,7,
```

break 和 continue 只能在循环体中使用,不能单独使用。在嵌套循环中，break 和 contnue 只对它所在的循环起作用。

6.3　案例实战

例 6-2　编写程序分别打印空心和实心等边三角形。

先定义一个变量 rows 记录等边三角形边长，用循环嵌套和 if…else 语句控制等边角形边上点的位置，代码如下：

```
#以下为打印空心等边三角形
print( "打印空心等边三角形")
rows = int(input('输入列数：  '))
for i in range(0, rows + 1):#变量 i 控制行数
    for j in range(0, rows - i):#(1,rows-i)
        print(" ",end="\t")
        j += 1
    for k in range(0, 2 * i - 1):#(1,2*i)
        if k == 0 or k == 2 * i - 2 or i == rows:
            if i == rows:
                if k % 2 == 0:#因为第一个数是从 0 开始的，所以要是偶数打印*，奇数打
印空格
                    print("*",end="\t")
                else:
                    print(" ",end="\t") #注意这里的","，一定不能省略，可以起到不换行的
作用
            else:
                print("*",end="\t")
        else:
            print(" ",end="\t")
        k += 1
    print("\n")
    i += 1
#以下为打印实心等边三角形
print( "打印实心等边三角形")
rows = int(input('输入列数：  '))
for i in range(0, rows + 1):#变量 i 控制行数
    for j in range(0, rows - i):#(1,rows-i)
        print(" ",end="\t")
        j += 1
    for k in range(0, 2 * i - 1):#(1,2*i)
        print("*",end="\t")
        k += 1
    print("\n")
    i += 1
```

程序运行效果如下：

```
打印空心等边三角形
输入列数： 5
```

```
            *

        *       *

    *               *

*                       *

*       *       *       *       *

打印实心等边三角形
输入列数： 4

          *

      *   *   *

  *   *   *   *   *

*   *   *   *   *   *   *
```

例 6-3　编写程序打印九九乘法表。

使用两层循环完成任务，外层循环控制打印的行数，内层循环控制打印的列数和值，代码如下：

```
print ("九九乘法表")
i=1
while i< 10:
    j=1
    while j<=i:
        print("%d*%d=%-2d"%(i,j,i*j),end=' ')
        j+=1
    print("\n")
    i+=1
```

程序运行效果如下：

```
九九乘法表
1*1=1

2*1=2   2*2=4
```

```
3*1=3   3*2=6   3*3=9

4*1=4   4*2=8   4*3=12 4*4=16

5*1=5   5*2=10 5*3=15 5*4=20 5*5=25

6*1=6   6*2=12 6*3=18 6*4=24 6*5=30 6*6=36

7*1=7   7*2=14 7*3=21 7*4=28 7*5=35 7*6=42 7*7=49

8*1=8   8*2=16 8*3=24 8*4=32 8*5=40 8*6=48 8*7=56 8*8=64

9*1=9   9*2=18 9*3=27 9*4=36 9*5=45 9*6=54 9*7=63 9*8=72 9*9=81
```

例 6-4　编写程序输出 50 以内的勾股数，要求每行显示 6 组，各勾股数之间不能重复。

可以采用多重循环的穷举算法来完成，但是要尽量减少内层循环中无关的计算，对循环进行必要的优化，代码如下：

```
import time
start =time.time()
n=0
for i in range(1,50):
    a=i**2                                        #为了减少执行次数
    for j in range(i+1, 50):
        b=j**2                                    #为了减少执行次数
        for c in range(i+1,50):
            if a+b==c**2:
                print("%-2d,%-2d,%-2d"%(i,j,c))
                n+=1
                if n%6==0:
                    print("\n")
print("执行时间:",time.time()-start)
```

程序运行效果如下：

```
3 ,4 ,5
5 ,12,13
6 ,8 ,10
7 ,24,25
8 ,15,17
9 ,12,15
```

```
9 ,40,41
10,24,26
12,16,20
12,35,37
15,20,25
15,36,39


16,30,34
18,24,30
20,21,29
21,28,35
24,32,40
27,36,45


执行时间: 0.06200003623962402
```

课 后 习 题

1. 在循环结构中,可以使用 _____ 语句结束本次循环，重新开始下一次循环，______ 语句可以跳出循环。

2. 用户登录时验证用户名和密码全部正确才允许登录，可以使用 _________ 语句。

3. 读下面的程序，回答问题

```
total=0
for i in range(100):
    if (i % 10):
        continue
    total+=i
print(total)
```

程序执行结果是（ ）。

A.5050　　B.4950　　C.450　　D.45

4.已知 x=60，y=40，z=20，下面程序执行后的结果是（ ）。

```
if x>y:
    z=x
    x=y
    y=z
```

```
print(x,y,z)
```

A. 60 40 20　　B. 40 60 60　　C. 60 20 20　　D. 20 40 60

5. 编写一个程序，判断输入的整数是偶数还是奇数。

6. 编写程序，用户从键盘上输入小于 1000 的正整数，对其进行因式分解。例如 $10 = 2 \times 5$，$60 = 2 \times 2 \times 3 \times 5$。

第 7 章　Python 模块与函数

本章重点

1. Python 程序结构
2. 模块的创建及使用
3. Python 常用模块及内置模块
4. 函数的定义
5. 函数的调用
6. 函数的参数
7. 函数的返回值
8. 函数的递归
9. lambda 表达式

本章难点

1. 模块的创建及内置模块的使用
2. 生成器、装饰器
3. 函数的参数
4. 函数的递归
5. lambda 表达式

本章主要介绍 Python 的模块与函数。复杂的项目通常会被分解成一个一个的小任务，实现这些小任务的就是模块，完成这些模块则需要依靠函数。简单地说，在编程中，模块内有许多函数方法，它们使得 Python 代码更容易被管理和理解。接下来将详细介绍 Python 的模块和函数的知识与特性，帮助大家掌握 Python 中模块与函数的开发。

7.1　Python 程序结构

Python 程序由包（Package）、模块（Module）、函数和类组成。包是一系列的模块组成的集合，模块是处理某个问题的函数和类组成的集合。

模块可以由 0 个函数和 0 个类组成，也可以由多个函数和多个类组成，函数和类的个数取值为 0～n。

1. Python 包结构

为了组织好模块，我们将多个模块放到包里面进行管理。包是一个分层次的目录结构，简单地说，包就是文件夹，包下面还可以有子包，但是包里至少包含一个__init__.py 文件（该文件可以为空）。__init__.py 文件是为了标识该文件夹是包。Python 包的结构如下：

```
package_test
├── __init__.py
├── module1.py
└── module2.py
```

2. 包的引用

Python 中除了用户创建的包之外还自带了许多工具包，如图形用户接口、字符串处理、图形图像处理、Web 应用等。这些包在 Python 的安装目录下的 lib 子目录中。包的导入可以使用 import、from…import 语句。例如引用 package_test 中的 module1，使用下面两种方法都可以：

```
from package_test import module1
import package_test.module1
```

3. 案例应用

本节案例用到的平台是 PyCharm。

为了更好地理解 Python 中包、模块、函数的关系，具体来看下面的实例：创建项目—包—模块—函数。

步骤 01：新建 Python 项目 pythoncode。

步骤 02：在项目 pythoncode 下新建 package_test 包。

步骤 03：在包 package_test 下新建 module1.py、module2.py 两个 Python 模块文件。

module1.py 源代码如下：

```
# -*- coding: UTF-8 -*-
def module1():
    print("I'm in run module1"
```

module2.py 源代码如下：

```
# -*- coding: UTF-8 -*-
def module2():
    print("I'm in run module2")
```

步骤 04：为使模块导入更简单，在文件目录中添加 __init__.py 文件，当用 import 导入包时，会执行__init__.py 里面的代码。

__init__.py 源代码如下：

```
# -*- coding: UTF-8 -*-
if __name__ == '__main__':
    print(" 作为主程序运行 ")
else:
```

```
    print("package_test 初始化 ")
```

步骤 05：在 package_test 同级目录下创建 test.py 来调用 package_test 包。

test.py 源代码如下：

```
# -*- coding: UTF-8 -*-
from package_test.module1 import module1
from package_test.module2 import module2
module1()
module2()
```

程序运行结果如图 7-1 所示。

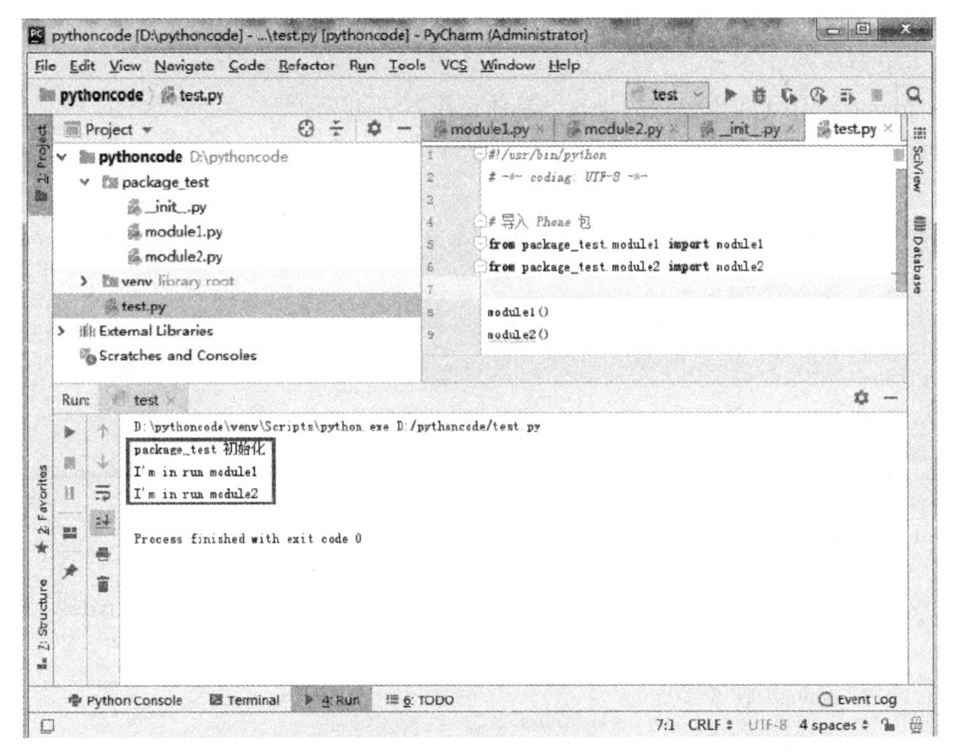

图 7-1　运行结果

7.2 模　块

Python 程序由一个一个的模块构成，模块在 Python 中是很重要的概念。Python 模块以.py 结尾，包含了 Python 对象定义和 Python 语句。模块除了能定义函数、类和变量，还能按一定的逻辑组织代码，让代码更好用、更易懂。此外，项目中的其他模块可以引用该模块，从而使用该模块里的函数等功能。

1. 模块的创建

Python 中一个文件就是一个模块，模块由代码、函数和类组成。也就是说，创建一个

Python 文件 module1.py，也就创建了一个名为“module1”的模块。在 Python 中模块分为以下三种：

（1）系统内置模块。系统内置模块包括 sys、json、time 模块等。

（2）自定义模块。自定义模块是自己写的模块，如 7.1.3 小节中创建的 module1.py、module2.py。自定义模块对某段逻辑或某些函数进行封装后可供其他函数调用。

（3）第三方的开源模块。这部分模块可以通过 pip install 进行安装，有开源的代码。

自定义模块的命名一定不能和系统内置的模块重名，否则将不能再导入系统的内置模块。例如，自定义了一个 sys.py 模块后，就无法使用系统的 sys 模块。

2. 模块的导入

下面介绍三种导入模块的方法。

1) import 常规导入

用 import 语句可实现模块的导入，具体使用方法如下:

import 模块名称

2) 系统内置模块导入

我们以导入 Python 内置函数 math 为例，求某个负数的绝对值，代码如下：

```
# -*- coding: UTF-8 -*-
import math
x=-1
y=abs(x)
print(abs(x))
```

上述代码运行的结果为“1”。

3) 自定义模块及第三方开源模块导入

定义一个模块名为“mytest.py”，“mytest.py”中定义一个函数 print_mydef，源代码如下：

```
# -*- coding: UTF-8 -*-
def print_mydef(str):
    print(str)
    return
```

接下来新建一个 Python 文件 test.py，调用 mytest.py。test.py 源代码如下：

```
# -*- coding: UTF-8 -*-
import mytest
mytest.print_mydef(" 我在这里哦！ ")
```

上述代码运行的结果为“我在这里哦！”

import 和 from…import 的区别如下：import 和 from…import 都是导入模块的方法，使用“import”关键词是将整个模块引入，前面提到的系统内置模块导入、自定义模块及第三方开源模块导入都使用 import; 使用 from…import 则是引入指定的部分到当前的命名空间中来。

3. 模块的属性

Python 中的模块可以看成是一个比类更大的对象，模块的属性便是变量名，通常被其他的文件或程序使用。一个模块在被导入后，在一个模块的顶层定义的所有变量都在被导入时成为了被导入模块的属性。例如：创建一个模块 scriptpro.py，代码如下：

```
title="热爱生活，拥抱未来！"
```

自定义属性可以通过以下两种方法获得这个模块的 title 属性。

（1）import 方法。

通过 import 方法导入 scriptpro.py 模块，然后通过 scriptpro.title 获得 scriptpro 模块的 title 属性，这里的“.”代表了 object.attribute 的语法，可以从任何的 object 中取出其任意属性。实现代码如下：

```
import scriptpro
print(scriptpro.title)
```

上述代码的运行结果为“热爱生活，拥抱未来！”

（2）from…import…方法。

可以通过 from…import…这样的语句从模块中获得模块的属性。实现代码如下：

```
from scriptpro import title
print(title)
```

上述代码的运行结果为“热爱生活，拥抱未来！”

对于任何一个 Python 文件来说，当 Python 解释器运行一个.py 文件时，会自动将一些内容加载到内置的属性中。

我们可以通过 dir()方法获取该模块所有的显式或隐式的属性，例如：

```
# -*- coding: utf-8 -*-
import os
var1 = None
class Person(object):
    pass
if __name__ == "__main__":
    print(dir())
```

打印每个内置属性如下：

```
print(__name__)
print(__annotations__)
print(__builtins__)
print(__cached__)
print(__doc__)
print(__fifile__)
print(__loader__)
```

```
print(__package__)
print(__spec__)
```

程序运行结果如下：

```
__main__
{}
<module 'builtins' (built-in)>
None
None
D:/pythoncode/test.py
<_frozen_importlib_external.SourceFileLoader object at 0x0000000002187630>
None
None
```

各内置属性的含义和功能如下：

（1）__name__：该属性代表当前模块的名称，每个.py 文件默认的属性，如果当前模块是主程序，值为“__main__”，如果不是主程序，值为模块名。这个属性经常用来区分主程序和作为被导入模块的程序。

（2）__annotations__：该属性对于模块文件来说，没有开放给用户使用，但对于函数来说，这个方法用来记录参数的类型和返回值。

（3）__builtins__：该属性代表内置模块 builtins，即所有的内建函数、内置类型、内置异常等。在 Python 执行一个.py 文件时，会将内置模块赋值给这个属性。如果不是主程序，那么这个属性是一个 builtins 模块所有方法的字典。

（4）__cached__：缓存文件。如果是主程序，那么该属性为 None，其他模块的该属性指向该模块的.pyc 字节文件，这样在.py 文件不发生修改的情况下可以减少编译的时间，更快地加载上下文环境。

（5）__doc__：模块的说明文档。.py 文件初始化时，将文件开始的说明字符串赋值给这个属性。

（6）__fifile__：该属性代表文件的绝对路径。任何一个模块使用这个属性就可获得本模块的绝对路径，但是该属性只在 Windows 环境下可用，在 Linux 环境下不可用。

（7）__loader__：由加载器在导入的模块上设置的属性。访问它时将会返回加载器对象本身。

（8）__package__：.py 文件所属包。

（9）__Spec__ ：特别指明的属性，一般为 None。

__name__、__doc__、__file__、__package__ 是可以直接使用的内置属性，其他的内置属性一般不允许直接使用。

7.3　函　数

为了实现代码的重复使用，Python 支持将代码逻辑组织成函数。函数是一种组织好的、允许重复使用的代码段。通常函数都用来实现单一或相关联的功能。

在代码中灵活地使用函数能够提高应用的模块化和代码的重复利用功能。在使用函数时，通过参数列表将参数传入到函数中，执行函数中的代码后，执行结果将通过返回值返回给调用函数的代码。

7.3.1 函数的定义

函数（function）是指一个有命名的、执行某个功能的语句序列。在定义一个函数的时候需要指定函数的名字和语句序列，之后可以通过这个名字调用（call）该函数。函数减少了代码的重复量，提高了程序的运行效率。

函数是为了完成某个功能而聚集在一起的语句序列。函数不仅可以实现代码的复用，还可以保证代码的一致性。Python 将函数的声明和定义视为一体。

函数的定义语法如下：

```
def 函数名（[形参列表]）:
    函数体
    [return 函数返回值]
```

Python 中定义函数使用关键字 def，其后紧接函数名。函数名一般使用小写英文单词定义，单词与单词之间使用“_”连接，函数名最好能体现函数的功能，达到“见名知意”的效果。函数后面的小括号里定义函数的参数列表，小括号后面使用“:”表示，接下来的内容是函数体。在定义函数体时要使用缩进来区分代码间的层级关系，并根据实际的代码逻辑决定是否需要返回值。

说明：

- 自定义函数通过关键字 def 来定义，通过 return 语句指定返回值。
- 函数可以通过 retum 语句同时返回多个值，如果没有 return 语句，则函数的返回值默认为 None。
- 函数名的命名规则与变量名相同，不能是关键字，应该避免函数名和变量名同名。
- 函数的第 1 行称为函数头，必须以冒号“:”结束，其余部分称为函数体，函数体必须缩进。按照惯例，缩进总是为四个空格（即 1 个水平制表符 tab）或者两个空格。
- 函数的形参不需要声明类型，也不需要指定函数返回值类型。
- 当函数不需要任何参数时，也必须保留一对空的圆括号。
- Python 允许嵌套定义函数。
- 函数的形参和返回值可以是任何数据类型，包括函数。
- 函数体中可以使用 pass 关键字，表示函数什么也不做，起到占位的作用。

函数定义示例如下：

```
def myfun 1(a, b):
    """
这是一个 docstring，该函数采用了函数的嵌套定义，完成 a*(a+b)功能。
    """
    n=a+b
```

```
    def myfun2(c,d)                                #函数的嵌套定义
        return c*d
    return myfun2(n,a)                             #调用内部函数
```

7.3.2 无参函数

无参函数就是参数列表为空的函数。如果函数在调用时不需要向函数内部传递参数，就可以使用无参函数。

例 7-1 使用无参函数打印边长为 4 的等边三角形。

分析：因为打印的三角形边长是确定的，所以直接使用无参函数实现就可以了。

例 7-1 的代码如下：

```
def print_triangle_four():
    n=4
    for line in range(4):     #外层循环，实现打印 4 行字符串
        for space_count in range(n-line):#打印每行第一个*号前的空格，用来对齐*号,空格数
随层数递减
            print("",end=" ")
        for start in range(line+1):
            print("*",end=" ")
        print("")
print_triangle_four()
```

程序输出结果为：

```
   *
  * *
 * * *
* * * *
```

在示例中使用了循环嵌套。因为 print()方法每次执行后都默认以换行结束，需要设置其结束符为空字符。因为 print_triangle()函数是无参函数，所以在小括号中不需要填写任何参数就能执行。

在 Python 中调用函数需要注意：因为 python 代码是自上而下顺序执行的，在调用函数前函数必须已经定义，即函数必须先定义再使用。

7.3.3 有参函数

无参函数应用的局限性比较大，很多场景下都需要在调用函数时向函数内传递数据，此时定义的函数就是有参函数。在 Python 中，函数的参数在定义时可以分为：位置参数、关键字参数、默认参数和可变长度参数。

1. 位置参数

位置参数是最常用的参数，调用函数时实参和形参的顺序必须严格一致，并且实参形参的数量必须相同，定义位置参数的方法如下：

```
def func_name(arg1,arg2,arg3):
    函数体
    [return 函数返回值]
```

arg1、arg2、arg3 就是函数的位置参数。参数与变量一样，尽量取有意义的名字。在定义位置参数时，每个参数以“,”分隔。在调用函数时，在小括号中直接填写要传给函数参数的值，但必须按照定义时的顺序来写，才能将值正确地传递给对应的参数。

例 7-2 将例 7-1 改为有参函数实现：使用有参函数打印边长为 n 的等边三角形，n 通过函数的参数传递。

例 7-2 的代码如下：

```
def print_triangle_n(n):
    for line in range(n):     #外层循环，实现打印 n 行字符串
        for space_count in range(n-line):#打印每行第一个*号前的空格，用来对齐*号，空格
数随层数递减
            print("",end=" ")
        for start in range(line+1):
            print("*",end=" ")
        print("")
print_triangle_n(7)
```

在例 7-2 中，函数只定义了一个参数，所以调用时不存在传值顺序的问题。当在函数中定义了多个参数时，调用时就要注意传入参数的顺序了。

例 7-3 某景区的全年访客量详情如表 7-1 所示。使用函数计算起始（start）月至（结束 end）月的月平均访客量，求 1～9 月的平均访客量。

表 7-1 某景区的全年访客量详情

月份	1 月	2 月	3 月	4 月	5 月	6 月	7 月	8 月	9 月	10 月	11 月	12 月
访客人数	2000	1518	680	780	1021	890	1800	3500	600	900	1200	1687

分析：完成该例子的功能，函数需要两个参数，一个参数是起始月的月份，另一个参数是结束月的月份；全年访客信息使用列表保存，作为函数内部的局部变量，不通过参数传递；通过参数确定统计访客量的月份，然后从列表中取出数据，计算平均访客量。

例 7-3 的代码如下：

```
def start_to_end_avg(start,end):
    data=[2000,1518,680,780,1021,890,1800,3500,600,900,1200,1687]
    sum_=0
    for month in range(start-1,end):
        sum_+=data[month]
    avg=sum_/(end-start+1)
    print(avg)
```

```
start_to_end_avg(1,9)
```

程序输出结果如下：

```
1421.0
```

在位置参数函数中，调用函数的时候必须按照定义函数时的参数顺序依次传递参数，如果将参数的顺序打乱，则会导致函数的执行结果出错，甚至引起程序崩溃。

2. 关键字参数

在调用函数时，也可通过关键字参数将数据传递给指定的参数。定义函数时，每个参数都有自己的参数名，在调用时通过“参数名=数值”的方式给参数传值就可以不按照参数的定义顺序。

例 7-3 如果使用关键字参数调用函数，则代码可写为：

```
start_to_end_avg(end=9,start=1)
```

使用关键字参数调用函数的方式，不用考虑参数传递的顺序，并且增强了代码的可读性，因此，在开发中可以灵活使用关键字参数调用函数。

3. 默认参数

Python 允许在定义函数时给参数设置默认值，这样的参数称为默认参数。给参数添加默认值的方法是在定义函数时使用“=”给参数赋值，等号右侧即为参数的默认值。设置了默认值的参数，在调用时可以不给这个参数显示赋值，此时参数值就是它的默认值。如果在调用时给这个参数赋值，则默认值不生效。

例 7-4　还是使用例 7-3 中的例子，我们来求景区的月平均访客量，默认情况下 end=12。

（1）计算 6～12 月的景区平均访客量；

（2）计算 1～9 月的景区约平均访客量。

分析：

（1）题目中要求 end 的默认值为 12，因此在定义函数时，需要设置参数 end 的默认值为 12；

（2）计算 6～12 月的景区平均访问量，end 的默认值为 12，所以在调用函数时只给参数 start 赋值；

（3）计算 1～9 月的景区平均访问量，不能使用默认参数，所以要分别给参数 start 和 end 赋值。

例 7-4 的代码如下：

```
def start_to_end_avg(start,end=12):
    data=[2000,1518,680,780,1021,890,1800,3500,600,900,1200,1687]
    sum_=0
    for month in range(start-1,end):
        sum_+=data[month]
    avg=sum_/(end-start+1)
    print(avg)
print("景区 6 ~ 12 月的景区平均访问量：")
```

```
start_to_end_avg(6)
print("景区 1～9 月的景区平均访问量：")
start_to_end_avg(1,9)
```

程序输出结果如下：

```
景区 6～12 月的景区平均访问量：
1511.0
景区 1～9 月的景区平均访问量：
1421.0
```

4. 可变长度参数

在开发中，某些场景下无法确定参数的个数，这时就可以使用可变长度参数来实现。可变长度参数分为两种形式：在参数名前加*或者**，即包裹位置参数和包裹关键字参数。

1) 包裹位置参数

在函数中使用包裹位置参数，将允许函数接收不定长个位置参数，这些参数将会被组织成一个元组传入函数中。

函数语法如下：

```
def func (* args):
    函数体
```

定义包裹位置参数是在参数名前添加一个“*”。在调用函数时，就可以传入多个数值，给包裹位置参数赋值和给普通位置参数赋值一样，参数之间以“,”分隔，这些数值将统一被参数 args 以元组的方式接收。

例 7-5　使用包裹位置参数定义函数，函数的功能是通过参数传入任意几个月份，然后求这几个月景区的平均访客量。如通过参数传入 7～9 月，然后就计算这 3 个月的平均访客量。

分析：

（1）包裹位置参数的赋值在传入函数后，是以元组的形式组织在一起的，所以需要使用 for 循环遍历元组来计算访客总量。

（2）在函数中使用 args 参数时不要带参数名前的“*”，这个“*”表示参数是包裹位置参数。

例 7-5 的代码如下：

```
def specific_avg(*args):
    data=[2000,1518,680,780,1021,890,1800,3500,600,900,1200,1687]
    sum=0
    for item in args:
        sum+=data[item-1]
    avg=sum/len(args)
    print("月平均访问量是：",avg)
specific_avg(9,7,8)
```

上述程序的输出结果：

```
月平均访问量是：1966.6666666666667
```

包裹位置参数会接收不定长的参数值传入，因此包裹位置参数要定义在位置参数的后面、默认参数的前面。在调用含有包裹位置参数的函数时，如果包裹位置参数后面使用了关键字参数，那么包裹位置参数就会停止接收参数值。

包裹位置参数的一个典型应用是 print()方法。print()方法能够接收多个字符串并打印，就是使用的包裹位置参数来接收这些字符。

2) 包裹关键字参数

包裹关键字参数与包裹位置参数一样都是可变参数，只是包裹关键字参数接收的参数都是以关键字参数的形式传入的，也就是每个参数的形式都是“参数名=参数值”。当参数传入到函数中后，这些传入的参数会以字典的形式组织在一起，其中关键字参数的参数名就是字典中的键，参数值就是键对应的值。

包裹关键字参数的函数语法为：

```
def func(**kwargs):
    函数体
```

包裹关键字参数是在参数前添加两个“*”，即“**”。在调用函数时，每一个传给包裹关键字参数的值都采用“参数名=参数值”的关键字参数形式，参数之间以“,”分隔，这些参数值将统一被参数 kwargs 以字典的方式接收。

例 7-6　计算上半年和下半年景区的月平均访客量。

例 7-6 的代码如下：

```
def keyword_avg(**kwargs):
    #print(kwargs)
    for key in kwargs:
        print(key + "avg is")
        #print(key)
        data=kwargs[key]
        #print(data)
        sum=0
        for item in data:
            sum+=item
        avg=sum/len(data)
        print(avg)
keyword_avg(first_half_year=[200,388,478,985,650,850],second_half_year=[789,890,920,1080,980,1500])
```

程序输出结果如下：

```
first_half_yearavg is
591.8333333333334
second_half_yearavg is
1026.5
```

在该例子中，函数 keyword_avg()的参数列表中定义了包裹关键字参数。在调用这个函数时，传入了两个参数：first_half_year=[200,388,478,985,650,850]和 second_half_year=[789,890,920,1080,980,1500]，一个是上半年景区每月的访客量数据，一个是景区下半年每月的访客量数据。这些数据以关键字参数的形式传入函数后，first_half_year 和 second_half_year 变成了字典 kwargs 的键，对应的列表变成了字典键中对应的值。在函数中通过对字典的遍历，分别计算上半年和下半年景区的平均访客量。

7.4　函数的返回值

在使用函数时，有些场景下需要获得函数的执行结果。通过给函数添加返回语句，可以实现将函数的执行结果返回给函数调用者。

1. return 关键字

给函数添加返回值可以在需要返回的地方执行 return 语句。return 语句对于函数来说不是必需的，因此函数可以没有返回值。return 关键字的特点是执行了 return 语句后，就表示函数已经执行完成了，return 后面的语句不会再执行。

return 关键字后面接的是该函数要返回的数值，这个数值可以是任意类型。当然 return 关键字后面也可以没有任何数值，表示终止函数的执行。在一个函数中可以存在多个 return 语句，这些 return 语句表示在不同的条件下终止函数执行并返回对应的数值。

return 关键字的函数语法如下：

```
def func_name(参数列表):
    函数体
    [return[函数返回值]]
```

例 7-7　某公司根据员工在本公司的工龄决定其可享受的年假天数，如表 7-2 所示。定义函数 get_annual_leave()，传入员工工龄，返回其可享有的年假天数并打印在控制台上。

表 7-2　员工工龄与年假天数

员工工龄	入职 5 年以内	入职 5 年以上 10 年以内	入职 10 年以上
年假天数	1	5	7

例 7-7 的代码如下：

```
def  get_annual_leave(seniority):
    if seniority < 5:
        return 1
    elif seniority < 10:
        return 5
    else:
        return 7

seniority=7
```

```
days=get_annual_leave(seniority)
print("工龄是%d 年的员工的年假天数是%d"%(seniority,days))
```

程序输出的结果如下：

```
工龄是 7 年的员工的年假天数是 5
```

例 7-8　定义一个函数，计算传入字符串的“数字”“字母”“空格”和“其他”的个数。

分析：本案例主要使用函数、循环、条件判断的知识，思路如下：

（1）定义函数 func（字符串参数），用于存放数字、字母、空格和其他字符；

（2）在函数 func（字符串参数）中添加循环，循环遍历字符串参数，循环体中依次判断是否为数字、字母、空格或其他，并计数；

（3）调用 func（字符串参数），将字符串参数换成任意字符串的实参，如“~!@#%^&*!@#$% ^&*1234567890dfdffvfdgdgb”，将值赋给一个变量。

（4）打印。

例 7-8 的代码实现如下：

```
# -*- coding: UTF-8 -*-
def func(strr):
    digit_number = 0 #digit_number 变量用于存储“数字”个数
    alpha_number = 0 #alpha_number 变量用于存储“字母”个数
    space_number = 0 #space_number 变量用于存储“空格”个数
    else_number = 0 #else_number 变量用于存储“其他”个数
    for i in strr: # 循环遍历 strr 字符串
        if  i.isdigit(): # 判断是否为“数字”
            digit_number +=1 #“数字”个数加 1
        elif  i.isspace(): # 判断是否为“空格”
            space_number +=1 #“空格”个数加 1
        elif  i.isalpha(): # 判断是否为“字母”
            alpha_number +=1 #“字母”个数加 1
        else:
            else_number +=1 # 否则“其他”个数加 1
    return (" 数字，空格，字母，其他内容分别有：
            ",(digit_number,alpha_number,space_number, else_number)) # 返回个数值
res = func('~!@#%^&*!@#$%^&*1234567890dfdffvfdgdgb ') # 函数返回值赋给 res
rint(res) # 打印 res 的值
```

程序的输出结果为：

```
(" 数字，空格，字母，其他内容分别有："(10,12,1,16))。
```

2. yield 关键字

在 Python 里还有一个关键字 yield，也在函数中用于返回数值。但是 yield 与 return 相比具有不同的特点。

使用 yield 作为返回关键字的函数叫作生成器。生成器是一个可迭代对象，在 Python

中能够使用 for…in…来操作的对象都是可迭代对象，如之前学过的列表和字符串就是可迭代对象。使用 yield 返回值的函数也可以使用 for…in…来操作，但是生成器每次只读取一次，也就是使用 for 循环迭代生成器的时候，每次执行到 yield 语句时，生成器就会返回一个值，然后当 for 循环继续执行时，再返回下一个值。

yield 像一个不终止函数执行的 return 语句。每次执行到它时都会返回一个数字，然后暂停函数（不是终止），直到下一次从生成器中取值。

例 7-9　使用 yield 关键字定义一个能够生成 0～3 数字系列的生成器，然后使用 for 循环输出这个数列。

例 7-9 的代码如下：

```
def generate_sequence_1():
    print("return 0")
    yield 0
    print("return 1")
    yield 1
    print("return 2")
    yield 2
    print("finish")

def generate_sequence_2():
    for i in range(3):
        print("return ",i)
        yield i
    print("finish")



print("call generate_sequence_1:")
for i in generate_sequence_1():
    print("print ",i)



print("call generate_sequence_2:")
for i in generate_sequence_2():
    print("print ",i)
```

程序输出结果如下：

```
call generate_sequence_1:
return 0
print   0
return 1
```

```
print  1
return 2
print  2
finish
call generate_sequence_2:
return 0
print  0
return 1
print  1
return 2
print  2
finish
```

从上面的例子可以看出，generate_sequence_1()和 generate_sequence_2()在执行效果上是相同的。只是generate_sequence_1()中没有使用for循环来执行yield语句，generate_sequence_2()使用 for 循序来执行 yield 语句。从输出结果中可以看出“return”和“print”是交替出现的，并且是先出现“return”再出现与之对应的“print”。也就是当函数执行到 yield 语句后，函数返回了一个值，但是函数并没有被终止，而是暂停了，直到 for 循环继续迭代从生成器中取值时，函数才恢复运行。依此往复，直到所有生成器中的代码都执行完毕。

7.5 函数的调用

函数的定义用来定义函数的功能，为了使用函数，必须要调用它，函数不被调用，函数内部的语句是不会被执行的。函数调用必须位于函数定义之后。

1. 函数的调用方式

对于一个函数，可以通过“函数名（实参）”的方式来调用。

如果函数有返回值，那么可以在函数调用的同时将返回值传递出来，此时这个函数可以当作一个值来使用，例如：

```
>>> def myfun1(a,b):
        return a+b
>>>result = myfun1(5,4)
```

函数调用时实参传递给形参，如果实参是表达式，先计算表达式的值，然后再传递给形参。函数调用的代码示例如下：

```
>>> def myfun1(a,b):
        return a+b
>>>result = myfun1(5,4)
>>>result
9
>>>def a():
```

```
        print(" In function a")
        b()
>>>def b():
        print(" In function b")
>>>a()
In function a
In function b
```

有一些特殊的内置函数调用时以函数作为其参数，如 map()、filter()和 reduce()。

2. 特殊内置函数的调用

1) map()

map()函数接受一个函数 f 和一个序列 sq，其作用是将函数 f 作用在序列的每个元素上，等价于[f(x) for x in sq]，例如：

```
>>> list(map(int, "123"))        #应用 int()函数将字符串中的每个字符转换为整数
[1,2,3]
```

2) filter()

filter()函数也接受一个函数 f 和一个序列 sq，其作用是通过函数 f 来选序列中的每个元素（满足函数返回值为 Tue），返回一个 filter 对象，等价于 [x for x in sq if f(x)]，例如：

```
>>> def is_odd(x):
        return x%2!=0
>>>list( filter(is_odd,[1,2,3,4,5,6]))        #将 filter 对象进行转换输出
[1,3,5]
```

3) reduce()

reduce()函数接受一个二元操作的函数 f 和一个序列 sq，实现将一个接收两个参数的函数 f 以迭代累积方式作用到序列的每一个元素上，并返回单一结果。

该函数将一个数据集合（列表、元组等）中的所有数据进行下列操作：用传给 reduce 中的函数 function（有两个参数）先对集合中的第 1、2 个元素进行操作，得到的结果再与第三个数据用 function 函数运算，最后得到一个结果。例如：

```
>>> from functools import reduce        #使用 reduce 函数时需要导入 functools 模块
>>> def add(x,y):
        return max(x,y)                 #求 x,y 的最大者
>>> reduce(add,[10,-10,100,200,1,2])
200
```

7.6　lambda 函数表达式

lambda 表达式可以用来声明匿名函数，也就是没有函数名字临时使用的函数。

在使用函数作为参数的时候，如果传入的函数比较简单或者使用次数较少，直接定义这些函数就显得比较浪费，这时就可以使用 lambda 表达式。

lambda 表达式使用关键字 lambda 定义，基本形式为：

```
lambda <variables>: <expression>
```

lambda 返回一个函数对象，其中 variables 是函数的参数，expression 是函数的返回值，它们之间用冒号“:”分隔。lambda 表达式只可以包含一个表达式，该表达式的计算结果可以看作是函数的返回值，不允许包含选择、循环等语法结构，不允许包含复合语句，但在表达式中可以调用其他函数，代码示例如下：

```
>>> f=lambda x,y,z : max(x,y,z)
>>>f(10,20,30)
30
>>>L=[1,2,3,4,5]
>>> print(list(map(lambda x: x+10, L)))
[11,12,13,14,15]
>>> def demo(n):
        return n*n
>>> list(map(lambda x: demo(x), (1,2,3,4)))            #使用函数作为 lambda 表达式的返回值
[1,4,9,16]
>>> from random import sample                          #导入 random 包中的 sample 模块
>>> data=[sample(range(100),6)for i in range(3)]       #产生 3 行 6 列范围在[0,99]的列表
>>> for row in data
        print(row)
#以下为输出结果
[22,62,82,50,36,99]
[62.19,72,88,82.25]
[28,27,92,63,20,5]
>>> for row in sorted(data, key=lambda cell: cell[0])      #按照每行的第一个元素升序排列
        print(row)
#以下为输出结果
[22,62,82,50,36,99]
[28,27,92,63,20,5]
[62,19,72,88,82,25]
>> >for row in filter(lambda row:sum(row)%2==0,data)     #过滤一行中所有元素之和为偶数的行
        print(row)
#以下为输出结果
[62,19,72,88,82,25]
>>> max(data, key=lambda row: row[-1])                  #取最后一个元素最大的行
[22,62,82,50,36,99]
>>> list(map(lambda row: row[0], data))                 #取每行第一个元素
```

```
[22,62,28]
>>> list(map(lambda row: row[data.index(row)], data))   #取对角线元素
[22,19,92]
```

7.7　函数中的装饰器

装饰器（decorators）本质上是一个输入参数函数，并且返回值也是函数的函数。

装饰器的语法结构如下：

@装饰器名字([参数])

def 被装饰的函数名([参数]):

　　....

可以同时使用多个装饰器，这时@操作符必须一行一个，例如：

```
>>> def document(func):                  #定义一个名为 document 的装饰器
            def new_function(*pargs):
                    print("Running function: ",func. __name__)
                    print('positional arguments",pargs)
                    result= func(*pargs)
                    print('result: ", result)
            return new_function
>>> @document                        #装饰器作用在函数 add_ints 上
def add _ints(a, b):
        return a+ b
>>> add_ints(3, 5)                   #执行装饰器的功能
Running function: add _ints
Positional arguments: (3, 5)
result: 8
>>> @document
def sub_ints(a, b)
      return a-b
>> sub_ints(3, 5)
Running function: sub_ ints
Positional arguments: (3, 5)
result: -2
```

7.8　函数中变量的作用域

变量起作用的代码范围称为变量的作用域，不同作用域内变量名可以相同，互不影响。

在函数内部定义的变量称为局部变量，局部变量的作用域从创建变量的地方开始，直到包含该变量的函数结束为止。当函数执行结束后，局部变量自动被删除。

在所有函数之外定义的变量称为全局变量，全局变量可以通过关键字 global 来定义。全局变量可以被所有的函数访问。全局变量的使用分为以下两种情况：

（1）一个变量已经在函数外定义，如果在函数内需要为这个变量赋值，并要将这个赋值结果反映到函数外，可以在函数内使用 global 将其声明为全局变量。

（2）如果一个变量在函数外没有定义，在函数内部也可以直接将一个变量定义为全局变量，该函数执行后，将增加一个新的全局变量。

对于一个全局变量，如果在函数内部对它重新赋值，它会被认为是一个局部变量。

如果要在函数中对全局变量重新赋值，可以使用关键字 global。

变量作用域的示例如下：

```
>>>a=0                                  #全局变量 a
>>> def scope():
        b=1                             #局部变量 b
        a+=1                            #局部变量 a 隐藏了同名的全局变量 a
        print(a)
>>> scope()
Traceback (most recent call last
UnboundLocalError: local variable'a' referenced before assignment      #赋值前局部变量 a 未被
初始化
>>> def scope():
         b=1
         global a
         a+=1
         print(a)
>>> scope
1
>>> print(b)
Traceback (most recent call last):
  Nameerror: name 'b' is not defined          #局部变量 b 离开了其作用域，自动被删除了
>>> pint(a)                             #打印全局变量 a
1
```

局部变量的引用比全局变量速度快，应优先考虑使用。

7.9　函数的递归

函数内部不但可以调用其他函数，而且还可以直接或者间接调用自己。直接或者间接调用自身的函数称为递归函数，递归函数的执行过程称为递归。

递归是一种分而治之的程序设计技术，它将一个大型、复杂规模的问题转换成一个与原问题相似的小规模问题进行求解，给出一个直观、简单的解决方案。例如，阶乘函数可以写成：

$$F(n) = n! = n \times (n-1)! = n \times F(n-1)$$

我们把求解 n 阶乘的问题变成了一个求解 n－1 阶乘的问题，以此类推，我们只需要解决最简单的 F(1)的问题，就可以完成 n 阶乘的求解。F(n)定义如下：

>>> def F(n):

使用递归方式实现求 n!

$$n = \begin{cases} 1 & n = 1 \\ n \times (n-1) & n > 1 \end{cases}$$

retum 1 if n==1 else n*F(n−1)

递归函数的特点如下：

（1）使用选择结构将问题分成不同的情况；

（2）会有一个或多个基础情况用来结束递归；

（3）非基础情况的分支会递归调用自身；

（4）每次递归调用会不断接近基础情况，直到变成基础情况终止递归。

虽然递归可以更快地实现代码，但是递归过程中存在大量的重复运算，在效率上可能会有一定的损失。由于递归函数会占用大量的堆栈，尤其是当递归深度特别大的时候，可能会导致堆栈的溢出。所以使用递归时要认真考虑，能不用递归方式的时候，尽量使用非递归方式，如果非要用递归方式，可以使用缓存机制来实现。

在下面的代码中，装饰器 lru_cache 的作用是给函数 F1()增加缓存，减少重复计算，从而提高运行速度。

```
>>>from functools import lru cache
>>> @lru_cache(maxsize=500)
    def F1(n):
            return 1 if n==1 else n*F(n-1)
```

下面的代码比较了使用缓存和不使用缓存两种方式带来的性能差异。

```
>>>from time import time
>>> def countTime():
            starttime= time()
            for i in range(100000)              #运行 10000 次不使用缓存递归函数
                F1(600)
            print(time()-startTime)
            startTime=time()
            for i in range(100000):             #运行 10000 次使用缓存递归函数
                F1(600)
            print(time()-starttime)
>>> countTime()
```

```
20.810436248779297
0.031199932098388672
```

可以看出，使用缓存方式后，函数的执行时间从 20 s 减少到 0.03 s 左右，性能提升很明显。当然，即使用到了缓存加速，仍然会受到递归深度的限制。

在大多数的编程环境里，一个具有无限递归的程序并非永远不会终止。当达到最大递归深度时，Python 会报告一个错误信息“Runtimeerror: Maximum recursion depth exceeded.”

非递归方式的实现代码如下：

```
>>> def f(n):
    #使用非递归方式实现求 n!
      a=1
      for num in range(n)
          a *= num+ 1
      return a
```

7.10　案例实战

例 7-10　编写函数，接收一个正偶数作为参数，输出两个素数，并且这两个素数之和等于原来的正偶数。如果存在多组符合条件的素数，则全部输出。

例 7-10 的代码如下：

```
def demo(n):
    def IsPrime(p):            #判断是否为素数
        if p==2 :
            return True
        if p%2==0:
            return False
        for i in range(3,int(p**0.5)+1,2):
            if p %i==0:
                return False
        return True
    if isinstance(n, int)and n>0 and n%2==0:            #判断是否为正偶数
        for i in range(2,n//2+1):
            if IsPrime(i)and IsPrime(n-i):
                print(i,'+',n-i,'=',n)
t=50
demo(t)
```

程序运行结果如下：

```
3 + 47 = 50
7 + 43 = 50
```

```
13 + 37 = 50
19 + 31 = 50
```

例 7-11　编写函数，完成蒙蒂霍尼悖论游戏，游戏规则如下：参赛者面前有三扇关闭着的门，其中一扇门的后面是一辆汽车，而另外两扇门后面则各藏有一只山羊，选中后面有车的那扇门就可以赢得该汽车。当参赛者选定了一扇门，但未去开启它的时候，主持人会开启剩下两扇门中的一扇，露出其中一只山羊。随后主持人会问参赛者要不要更换选择，选另一扇仍然关着的门。

例 7-11 的代码如下：

```
from random import randint
def init():
    '''
    构造一个字典，键为 3 个门的编号，值为门后面的山羊或者汽车
    '''
    doors={i+1:"山羊" for i in range(3)}
    doors[randint(1,3)]="汽车"
    print(doors)
    return doors
def beginGame():
    doors =init()
    while True:
        firstDoorNum=int(input("请选择一个门(1-3):"))
        for door in doors.keys()-{firstDoorNum}:
            if doors[door]=="山羊":
                print("%d 号门后是山羊"%door)
                thirdDoorNum=(doors.keys()-{firstDoorNum,door}).pop()     #构造第 3 个门
                choose=input("更换到{0}号门吗(y/n)?".format(thirdDoorNum))
                if choose=="y":
                    finalDoorNum= thirdDoorNum
                else:
                    finalDoorNum= firstDoorNum
                if doors[finalDoorNum]=="山羊":
                    return"你输了!"
                else:
                    return"你赢了!"

def main():
    print("-"*30,"蒙蒂霍尼悖论游戏","-"*30)
    print("游戏结果是{0}".format(beginGame()))
main()
```

程序运行结果如下：

```
{1: '汽车', 2: '山羊', 3: '山羊'}
请选择一个门(1-3):3
2 号门后是山羊
更换到 1 号门吗(y/n)?n
游戏结果是你输了!
```

例 7-12　使用随机数模块生成某一期的双色球中奖号码。双色球的规则为：6 位不重复的红球，红球的选号范围为 1～33；1 位蓝球，蓝球选号范围为 1～16；红球依从小到大的顺序排列。

例 7-12 的代码如下：

```
from random import randint
red_balls = []
while len(red _balls) != 6:
    red _ball = randint(1,33)
    if red_ball not in red_balls:
        red_balls.append(red_ball)
blue_ball = randint(1,16)
red_balls.sort()
print("蓝球：",blue_balls)
print("红球：",red_ball)
```

程序运行结果如下：

```
蓝球：[6, 11, 12, 21, 28, 31]
红球：11
```

课 后 习 题

1. 编写函数，判断一个整数是否为素数，并编写主程序调用该函数。
2. 编写函数，接收一个字符串，分别统计大写字母、小写字母、数字、其他字符的个数，并以元组的形式返回结果。
3. 在 Python 程序中，局部变量会隐藏同名的全局变量吗？请编写程序代码进行验证。
4. 编写函数，模拟内部函数 sum()。
5. 编写函数，模拟内部函数 sorted()。
6. 已知函数定义 def demo(x,y,op)

    return eval(str(x)+op+str(y)),

那么表达式 demo(3,5, '-')的值为 ________ 。

7. 编写函数，可以接收任意多个整数并输出其中的最大值和所有整数之和。
8. 有一个数列，形式为 1 1 1 3 5 9 17 31，请编写程序计算该数列第 2019 项的值。

第 8 章　面向对象编程

本章重点

1. 类和对象
2. 继承
3. 多态

本章难点

类的定义、创建，类变量、方法的创建

在之前的章节中，解决问题的方式都是先分析解决问题需要的步骤，然后用流程控制语句、函数把这些步骤一步一步地实现出来，这种编程思想被称为面向过程编程。面向过程编程符合人们的思考习惯，容易理解。最初的程序也都是使用面向过程的编程思想开发的。

随着程序规模的不断扩大，人们不断提出新的需求。面向过程编程可扩展性低的问题逐渐突显出来，于是提出了面向对象的编程思想。面向对象的编程不再根据解决问题的步骤来设计程序，而是先分析谁参与了问题的解决。这些参与者就被称为对象，对象之间相互独立，但又相互配合、连接和协调，从而共同完成整个程序要实现的任务和功能。

面向对象编程具备三大特性：封装、继承和多态。这三大特性共同保证了程序的可扩展性需求。

Python 从设计之初就已经是一门面向对象的语言，正因如此，在 Python 中创建一个类和对象是很容易的。本章将详细介绍 Python 的面向对象编程技术。

如果你以前没有接触过面向对象的编程语言，可能需要先了解面向对象语言的一些基本特征，这样才能更好地理解面向对象的三大特性，才有助于学习 Python 面向对象的编程技术。

8.1　类和对象

面向对象编程（Object Oriented Programming，OOP）是一种编程方式，它使用“类”和“对象”来实现，所以面向对象编程的实质就是对“类”和“对象”的使用。

（1）类：一个模板，模板里可以包含多个方法和属性。

（2）对象：根据模板创建的实例，通过实例对象可以执行类中的方法。

8.1.1 类的定义

类由以下三部分组成：

（1）类名：类的名称，它的首字母一般大写。

（2）属性：用于描述类的特征，也称为数据成员，例如人有姓名、年龄等。

（3）方法：用于描述类的行为，也称为方法成员，例如人具有运动、说话等行为。

类的定义语法如下：

class <类名>():

　　<类的属性>

　　<类的方法>

class 关键字后面的类名命名方法通常使用单词首字母大写的驼峰命名法；类名后面是一个（），表示类的继承关系，可以不填写，表示默认继承 object 类；括号后面接“:”，表示换行，并在新的一行缩进定义类的属性或方法。当然，也可以定义一个没有属性和方法的类，这需要用到 pass 关键字。

8.1.2 使用类创建实例对象

面向对象编程的基础就是对象，对象是用来描述客观事物的。当使用面向对象的编程思想解决问题时，要对现实中的对象进行分析和归纳，以便找到这些对象与要解决的问题之间的相关性。例如一家银行里有柜员、大客户经理、经理等角色，他们都是对象，但是他们分别具有不同的特性。比如他们的职位名称不同、工作职责不同、工作地点不同等。

这些不同的角色对象之间还具备一些共同的特征，比如所有的银行员工都有名字、工号、工资等特征；此外还有一些共同的行为，比如每天上班都要打卡考勤，每个月都从公司领工资等。在面向对象编程中将这些共同的特征（类的属性）和共同的行为（类的方法）抽象出来，使用类将他们组织到一起。

例 8-1　创建一个银行员工的类，这个类不包含任何属性或方法。

例 8-1 的代码如下：

```
class BankEmployee():
    pass
```

创建好类之后就可以使用这个类来创建实例对象，创建对象的语法格式如下：对象名=类名()。

例 8-2　在例 8-1 的基础上创建两个银行员工示例对象 employee_a 和 employee_b，然后在控制台输出这两个示例对象的类型。

例 8-2 的代码如下：

```
class BankEmployee():
    pass
employee_a=BankEmployee()
employee_b=BankEmployee()
```

```
print(type(employee_a))
print(type(employee_b))
```

8.1.3　给类添加实例的方法

完成了类的定义之后，就可以给类添加变量和方法了。由于在 Python 中类的变量的情况有些复杂，下面先介绍在类中定义方法。

在类中定义方法与定义函数非常类似，实际上方法和函数起到的功能也是一样的，不同之处是一个定义在类外，一个定义在类内。定义在类外的称为函数，定义在类内的称为类的方法。本章需要掌握实例方法，实例方法是只有在使用类创建了实例对象之后才能调用的方法，即实例方法不能通过类名直接调用。

类的方法定义的语法如下：

def 方法名（self,方法参数列表）

　　方法体

从语法上看，类的方法定义比函数定义多了一个参数 self，这在定义实例方法的时候是必须的，也就是说在类中定义实例方法，第一个参数必须是 self，这里的 self 代表的含义不是类，而是实例，也就是通过类创建实例对象后对自身的引用。self 非常重要，在对象内只有通过 self 才能调用其他的实例变量或方法。

例 8-3　在例 8-1 的基础上给 BankEmployee 类添加两个实例方法，实现员工的打卡签到和领工资两种行为。使用新的 BankEmployee 类创建一个员工对象，并调用他的打卡签到和领工资方法。

分析：

某个员工是真实存在的，所以是一个实例对象，因此这两个方法可以别定义成实例方法。

实现步骤如下：

在 BankEmployee 类中定义打卡签到方法 check_in()，在方法中调用 print()函数，在控制台输出“打卡签到”。

在 BankEmployee 类中定义领工资方法 get_salary()，在方法中调用 print()函数，在控制台输出“领到这个月的工资了”。

使用 BankEmployee 类创建一个银行员工实例对象 employee。

例 8-3 的代码如下：

```
class BankEmployee():
    def check_in(self):
        print("打卡签到")
    def get_salary(self):
        print("领到这个月的工资了")
employee=BankEmployee()
employee.check_in()
employee.get_salary()
```

程序输出结果如下：

```
打卡签到
领到这个月的工资了
```

从上面的代码可以看到，实例对象通过“.”来调用它的实例方法。调用实例方法时并不需要给 self 参数赋值，Python 会自动把 self 赋值为当前实例对象，因此只需要在定义方法的时候定义 self 变量，调用时不用再考虑它。

8.1.4 类的两个特殊方法

在类中有两个非常特殊的方法：__init__()和__del__()，分别用于初始化对象属性和释放类所占用的资源，即构造方法和析构方法。__init__()方法会在创建实例对象的时候自动调用，__del__()方法会在实例对象被销毁的时候自动调用。

这两个方法即便在类中没有显示的定义，实际上也是存在的。在开发中，也可以在类中显示的定义构造方法和析构方法。这样就可以在创建实例对象时，在构造方法里添加代码完成对象的初始化工作；在对象销毁时，在析构方法里添加一些代码释放对象占用的资源。

例 8-4　在例 8-3 的基础上给 BankEmployee 类添加构造方法和析构方法，在构造方法中向控制台输出“创建实例对象，__init__()被调用”，在析构方法中向控制台输出“实例对象被销毁，__del__()被调用”。

分析：

在实例对象创建时，添加自定义代码需要在类中定义__init__()方法。

在实例对象被销毁时，添加自定义代码需要在类中定义__del__()方法。

销毁实例对象使用 del 关键字。

例 8-4 的代码如下：

```
class BankEmployee():
    def __init__(self):
        print("创建实例对象，__init__()被调用")
    def __del__(self):
        print("实例对象被销毁，__del__()被调用")

    def check_in(self):
        print("打卡签到")
    def get_salary(self):
        print("领到这个月的工资了")
employee=BankEmployee()
del employee
```

程序输出结果如下：

```
创建实例对象，__init__()被调用
实例对象被销毁，__del__()被调用
```

8.1.5　类的变量

对象的属性是以变量的形式存在的，在类中可以定义的变量类型分为实例变量和类变量两种。

1. 实例变量

实例变量是最常用的变量类型，语法如下：

self.变量名 = 值

通常情况下，实例变量定义在构造方法中，这样实例对象被创建时，实例变量就会被定义、赋值，因而可以在类的任意方法中使用。

在 Python 中的变量不支持只申明不赋值，所以在定义类的变量时必须给变量赋初值。

例 8-5　在例 8-4 的基础上，给 BankEmployee 类添加 3 个实例变量：员工姓名、员工工号、员工工资。将员工姓名赋值为“李明”，员工工号赋值为“a2567”，员工工资赋值为 5000，然后将员工信息输出到控制台上。

分析：

（1）为了让实例变量在创建实例对象后一定可用，应在构造方法__init__()中定义这 3 个变量。

（2）员工姓名是字符串类型，员工工号是字符串类型，员工工资是数值类型，定义变量时要赋予变量合适的初值。

（3）创建好实例对象后，完成对实例变量的赋值。

例 8-5 的代码如下：

```
class BankEmployee():
    def __init__(self):
        print("创建实例对象，__init__()被调用")
        self.name=""
        self.emp_num=""
        self.salay=2000
    def __del__(self):
        print("实例对象被销毁，__del__()被调用")

    def check_in(self):
        print("打卡签到")
    def get_salary(self):
        print("领到这个月的工资了")
employee=BankEmployee()
employee.name="李明"
employee.emp_num="a2567"
employee.salary=5000
print("员工信息如下：")
```

```
print("员工姓名：%s"% employee.name)
print("员工工号：%s"% employee.emp_num)
print("员工工资：%d"% employee.salary)
```

程序输出结果为：

```
创建实例对象，__init__()被调用
员工信息如下：
员工姓名：李明
员工工号：a2567
员工工资：5000
```

在上面的例子中，因为三个实例变量是在__init__()方法中创建的，所以创建实例对象后，就可以对这三个变量赋值了。实例变量的引用方法是实例对象后接“.变量名”，这样就可以给需要的变量赋值。

在类中使用实例变量容易出错的地方就是忘记了变量名前面的“self.”。如果在编程中缺少了这部分，那么使用的变量就不是实例变量了，而是方法中的一个局部变量。局部变量的作用域仅限于方法内部，与实例变量的作用域是不同的。

在上面的实例中是先创建实例对象再进行实例变量赋值，这样的写法很繁琐。Python 允许通过给构造方法添加参数的形式将创建实例对象与实例变量赋值结合起来。

例 8-6　通过给__init__()构造方法添加参数，实现与 8-5 例子相同的效果。

分析：给__init__()方法添加三个新的参数：name、emp_num、salary，达到在__init__()方法中给实例赋值的目的。

例 8-6 的关键代码如下：

```
class BankEmployee():
    def __init__(self,name="",emp_num="",salary=0):
        print("创建实例对象，__init__()被调用")
        self.name=name
        self.emp_num=emp_num
        self.salary=salary
    def __del__(self):
        print("实例对象被销毁，__del__()被调用")

    def check_in(self):
        print("打卡签到")
    def get_salary(self):
        print("领到这个月的工资了")
employee=BankEmployee("李明","a2567",5000)
print("员工信息如下：")
print("员工姓名：%s"% employee.name)
print("员工工号：%s"% employee.emp_num)
```

```
print("员工工资：%d"% employee.salary)
```

程序输出结果如下：

```
创建实例对象，__init__()被调用
员工信息如下：
员工姓名：李明
员工工号：a2567
员工工资：5000
```

通过以上代码可以看出，当创建实例对象时，实际上调用的就是该对象的构造方法，通过给构造方法添加参数的方式，就能够在创建对象时完成初始化操作。对象的方法和函数一样也支持位置参数、默认参数和可变长度参数。当然，在使用类创建实例对象时也可以使用关键字来传递参数。

在以上例子中，实例变量是在类的构造方法中创建的。事实上，可以在类中任意的方法内创建实例变量或使用已经创建好的实例变量，通过类中每个方法的第一个参数 self 就能够调用实例变量。

例 8-7　在例 8-6 的基础上，完善打卡和领工资两个实例方法。李明打卡时在控制台输出“工号 a2567，李明打卡签到”；李明领工资时在控制台上输出“领到这个月的工资了，5000 元”；创建员工实例对象，并使用构造方法初始化实例变量，然后调用打卡签到和领工资两个方法。

分析：

在实例方法中调用实例变量，需要使用方法的第一个参数 self，因为 self 代表了当前的实例对象。

例 8-7 的代码如下：

```
class BankEmployee():
    def __init__(self,name="",emp_num="",salary=0):
        print("创建实例对象，__init__()被调用")
        self.name=name
        self.emp_num=emp_num
        self.salary=salary
    def __del__(self):
        print("实例对象被销毁，__del__()被调用")

    def check_in(self):
        print("工号%s,%s 打卡签到"%(self.emp_num,self.name))
    def get_salary(self):
        print("领到这个月的工资了,%d 元"% self.salary)


employee=BankEmployee("李明","a2567",5000)
employee.check_in()
```

```
employee.get_salary()
```

程序输出结果如下：

```
创建实例对象，__init__()被调用
工号 a2567, 李明打卡签到
领到这个月的工资了, 5000 元
```

在 Python 中不但可以在类中创建实例变量，还可以在类外给一个已经创建好的实例对象动态地添加新的实例变量。但是动态添加的实例变量仅对当前实例对象有效，其他由相同类创建的实例对象将无法使用这个动态添加的实例变量。

例 8-8　在例 8-7 的基础上创建一个新的员工实例对象。这个员工的姓名是张敏，员工工号为 a4433，员工工资为 4000。创建这个员工的实例对象后，给它动态添加一个实例变量：年龄，并赋值为 25。输出李明和张敏的员工信息。

例 8-8 的代码如下：

```
class BankEmployee():
    def __init__(self,name="",emp_num="",salary=0):
        print("创建实例对象，__init__()被调用")
        self.name=name
        self.emp_num=emp_num
        self.salary=salary
    def __del__(self):
        print("实例对象被销毁，__del__()被调用")

    def check_in(self):
        print("工号%s,%s 打卡签到"%(self.emp_num,self.name))
    def get_salary(self):
        print("领到这个月的工资了,%d 元"% self.salary)

employee_a=BankEmployee("李明","a2567",5000)
employee_b=BankEmployee("张敏","a4433",4000)
employee_b.age=25
print("李明员工信息如下：")
print("员工姓名：%s"% employee_a.name)
print("员工工号：%s"% employee_a.emp_num)
print("员工工资：%d"% employee_a.salary)
employee_a.check_in()
employee_a.get_salary()

print("张敏员工信息如下：")
print("员工姓名：%s"% employee_b.name)
```

```
print("员工工号：%s"% employee_b.emp_num)
print("员工工资：%d"% employee_b.salary)
print("员工年龄：%d"% employee_b.age)
employee_b.check_in()
employee_b.get_salary()
```

程序输出结果如下：

```
创建实例对象，__init__()被调用
创建实例对象，__init__()被调用
李明员工信息如下：
员工姓名：李明
员工工号：a2567
员工工资：5000
工号 a2567, 李明打卡签到
领到这个月的工资了, 5000 元
张敏员工信息如下：
员工姓名：张敏
员工工号：a4433
员工工资：4000
员工年龄：25
工号 a4433, 张敏打卡签到
领到这个月的工资了, 4000 元
```

在类外给实例对象动态添加实例变量，不使用 self，而是使用“实例对象.实例变量名”的方式。这种添加方式是动态的，只针对当前实例对象有效，对其他实例对象不会有任何影响。

2. 类变量

实例变量是必须在创建实例对象之后才能使用的变量。在某些场景下，希望通过类名直接调用类中的变量或者希望所有类能够公有某个变量。在这种情况下，就可以使用类变量。类变量相当于类的一个全局变量，只要是能够使用这个类的地方都能够访问或者修改类变量的值。类变量与实例变量不同，不需要创建实例对象就可以使用。

类变量的语法如下：

```
class 类名():
    #定义类变量
    变量名=初始值
```

例 8-9　创建一个可以记录自身被实例化次数的类。

分析：

（1）类记录自身被实例化的次数不能使用实例变量，而要使用类变量。

（2）创建类时会调用类的__init__()方法，在这个方法里对用于计数的类变量加 1。

（3）销毁类时会调用类的__del__()方法，在这个方法里对用于计数的类变量减 1。

例 8-9 的代码如下：

```
class SelfCountClass():
    obj_count=0
    def __init__(self):
        SelfCountClass.obj_count+=1
    def __del__(self):
        SelfCountClass.obj_count-=1
list=[]
creat_obj_count=5
destory_obj_count=2
#创建 create_obj_count 个 SelfCountClass 实例对象
for index in range(creat_obj_count):
obj=SelfCountClass()
    #print(obj)
    list.append(obj)      #把创建的实例对象加入到列表尾部
print("一共创建了%d 个实例对象"%(SelfCountClass.obj_count))
print("这几个实例对象分别是：")
for i in range(len(list)):
    print(list[i],end=" ")
  #销毁 destory_obj_count 个实例对象
for index in range(destory_obj_count):
    obj=list.pop()  #从列表尾部获取实例对象
    del obj     #销毁实例对象
print()
print("销毁部分实例对象后，剩余的对象个数是%d 个"%(SelfCountClass.obj_count))
print("剩余的实例对象分别是：")
for i in range(len(list)):
    print(list[i],end=" ")
```

程序输出结果如下：

```
一共创建了 5 个实例对象
这几个实例对象分别是：
<__main__.SelfCountClass object at 0x040769F0> <__main__.SelfCountClass object at 0x040BF390> <__main__.SelfCountClass object at 0x040BF370> <__main__.SelfCountClass object at 0x040BF450> <__main__.SelfCountClass object at 0x040BF490>
销毁部分实例对象后，剩余的对象个数是 3 个
剩余的实例对象分别是：
<__main__.SelfCountClass object at 0x040769F0> <__main__.SelfCountClass object at 0x040BF390> <__main__.SelfCountClass object at 0x040BF370>
```

在上例中直接使用类名来调用类变量，这个类名其实对应着另一个由 Python 自动创建

的对象，这个对象称为类对象，它是一个全局唯一的对象。

下面总结一下类对象、实例对象、类变量、实例变量这几个概念。

类对象对应类名，是由 Python 创建的对象，具有唯一性。

（1）实例对象是通过类创建的对象，表示一个独立的个体。

（2）实例变量是实例对象独有的，在构造方法内添加或者在创建对象后使用、添加。

（3）实例变量是实例对象的变量，通过类对象可以访问和修改类变量。

（4）类变量是属于类对象的变量，通过类对象可以访问和修改类变量。

（5）如果在类中类变量与实例变量不同名，也可以使用实例对象访问类变量。

（6）如果在类中类变量与实例变量同名，那么无法使用实例对象访问类变量。

（7）使用实例对象无法给类变量赋值，这种尝试将会创建一个新的与类变量同名的实例变量。

8.2 继　承

8.2.1 继承的概念

继承是面向对象编程的三大特性之一，继承可以解决编程中的代码冗余问题，是实现代码重用的重要手段。继承的思想体现了软件的可重用性。新类可以在不增加代码的条件下，通过从已有的类中继承其属性和方法类充实自身，这种现象或行为就称为继承。此时，新的类称为子类，被继承的类称为父类。继承最基本的作用就是使代码得以重用，并且增加了软件的可扩展性。

可以结合现实中的例子理解继承，比如对宠物的分类，猫和狗都可以作为人类的宠物，因此可以说宠物猫和宠物狗都继承自宠物。同理，有的人养的宠物猫是狸花猫，有的人养的猫是奶牛猫，而无论是狸花猫还是奶牛猫都属于宠物猫，因此狸花猫和奶牛猫都继承自宠物猫；对于狗来说也一样，德牧和哈士奇都继承自宠物狗。

继承的语法如下：

```
class　子类类名(父类类名):
        #定义子类的变量和方法
```

例 8-10　定义宠物类 Pet 和继承自 Pet 类的子类 Cat 类，使用 Cat 类创建实例对象并调用它的实例方法。Pet 类定义如下：

Pet 包含一个实例变量：宠物主人 owner。

Pet 包含一个实例方法，输出宠物主人的名字。

例 8-10 的代码如下：

```
class Pet():
    def __init__(self,owner="李明"):
        self.owner=owner
    def show_pet_owner(self):
        print("这个宠物的主人是%s"%(self.owner))
```

```
class Cat(Pet):
    pass

cat_1=Cat()
cat_1.show_pet_owner()
cat_2=Cat("赵敏")
cat_2.show_pet_owner()
```

程序输出结果如下：

```
这个宠物的主人是李明
这个宠物的主人是赵敏
```

在上例中，Cat 类本身并没有定义任何的变量或方法，但是它继承了 Pet 类，就自动拥有了 owner 变量和 show_pet_owner()方法。

例 8-11　在例 8-8 的基础上，根据职位创建银行员工类的两个子类——柜员类和经理类。

例 8-11 的代码如下：

```
class BankEmployee():
    def __init__(self,name="",emp_num="",salary=0):
        #print("创建实例对象，__init__()被调用")
        self.name=name
        self.emp_num=emp_num
        self.salary=salary
    def __del__(self):
        print("实例对象被销毁，__del__()被调用")

    def check_in(self):
        print("工号%s,%s 打卡签到"%(self.emp_num,self.name))
    def get_salary(self):
        print("领到这个月的工资了,%d 元"% self.salary)

class BankTeller(BankEmployee):
    pass
class BankManager(BankEmployee):
    pass

bank_teller=BankTeller("邵斌","a9678",6000)
bank_teller.check_in()
bank_teller.get_salary()
bank_manager=BankManager("李光","a0008",10000)
```

```
bank_manager.check_in()
bank_manager.get_salary()
```

程序运行结果如下：

```
工号 a9678, 邵斌打卡签到
领到这个月的工资了, 6000 元
工号 a0008, 李光打卡签到
领到这个月的工资了, 10000 元
```

在上面的例子中子类都没有创建自己的__init()__()构造方法。当一个类继承了另一个类，如果子类没有定义__init()__方法，就会自动继承父类的__init__()方法；如果子类中定义了自己的构造方法，那么父类的构造方法就不会被自动调用。

使用 super()方法可以显式调用父类的构造方法。

例 8-12　在例 8-11 的基础上，给 BankTeller 类添加__init__()构造方法，并且用 super()方法显式调用父类的构造方法。

例 8-12 的代码如下：

```
class BankEmployee():
    def __init__(self,name="",emp_num="",salary=0):
        #print("创建实例对象，__init__()被调用")
        self.name=name
        self.emp_num=emp_num
        self.salary=salary
    def __del__(self):
        print("实例对象被销毁，__del__()被调用")

    def check_in(self):
        print("工号%s,%s 打卡签到"%(self.emp_num,self.name))
    def get_salary(self):
        print("领到这个月的工资了,%d 元"% self.salary)

class BankTeller(BankEmployee):
    def __init__(self,name="",emp_num="",salary=0):
        super().__init__(name,emp_num,salary)

class BankManager(BankEmployee):
    def __init__(self,name="",emp_num="",salary=0):
        super().__init__(name,emp_num,salary)

bank_teller=BankTeller("邵斌","a9678",6000)
bank_teller.check_in()
```

```
bank_teller.get_salary()
bank_manager=BankManager("李光","a0008",10000)
bank_manager.check_in()
bank_manager.get_salary()
```

8.2.2 继承的子类中的变量和方法

子类能够继承父类的变量和方法，作为父类的扩展，子类中还可以定义属于自己的变量和方法。例如经理除了所有员工共有的特征和行为外，还具有自己独有的特征。

例 8-13 银行给经理配备了指定品牌的公务车，经理可以在需要的时候使用。要求给 BankManager 类添加对应的变量和方法。

分析：

给经理配备的公务车品牌需要用一个实例变量 official_car_brand 来保存。经理使用公务车是一种行为，需要定义一个方法 use_official_car()。

例 8-13 的代码如下：

```
class BankEmployee():
    def __init__(self,name="",emp_num="",salary=0):
        #print("创建实例对象，__init__()被调用")
        self.name=name
        self.emp_num=emp_num
        self.salary=salary
    def __del__(self):
        print("实例对象被销毁，__del__()被调用")

    def check_in(self):
        print("工号%s,%s 打卡签到"%(self.emp_num,self.name))
    def get_salary(self):
        print("领到这个月的工资了,%d 元"% self.salary)

class BankTeller(BankEmployee):
    def __init__(self,name="",emp_num="",salary=0):
        super().__init__(name,emp_num,salary)

class BankManager(BankEmployee):
    def __init__(self,name="",emp_num="",salary=0):
        super().__init__(name,emp_num,salary)
        self.official_car_brand=""

    def use_official_car(self):
```

```
        print("使用%s 牌的公务车出行"%(self.official_car_brand))


bank_manager=BankManager("李光","a0008",10000)
bank_manager.official_car_brand="宝马"
bank_manager.use_official_car()
```

程序输出结果如下：

```
使用宝马牌的公务车出行
```

8.2.3　多继承

继承能够解决代码重用的问题，但是有些情况下只继承一个父类仍然无法解决所有的应用场景。比如一个银行总经理同时兼任公司董事，此时总经理这个岗位就具备了经理和董事两个岗位的职责，但是这两个岗位是平行的概念，是无法通过继承一个父类来表现的。Python 可以使用多继承来解决这样的问题。

多继承的语法为：

class 子类类名（父类 1，父类 2）

　#定义子类的变量和方法

例 8-14　在银行中经理可以管理员工的薪资，董事可以在董事会时投票来决定公司的发展策略，总经理是经理的同时也是公司的董事。使用多继承来实现这三个类。

分析：

经理作为一个独立的岗位，创建一个父类，这个类有一个方法 manage_salary()，实现管理员工薪资的功能。

董事作为一个独立的岗位，创建一个父类，这个类有一个方法 vote()，实现在董事会投票的功能。

总经理是经理和董事两个岗位的结合体，同时具备这两个岗位的功能，因此总经理类作为子类，同时继承经理类和董事类。

例 8-14 的代码如下：

```
class BankManager():
    def __init__(self):
        print("BankManager init")
    def manager_salary(self):
        print("管理员工薪资")


class BankDirector():
    def vote(self):
        print("董事会投票")
    def __init__(self):
        print("BankDirector init")
class GeneralManager(BankManager,BankDirector):
```

```
        pass

gm=GeneralManager()
gm.manager_salary()
gm.vote()
```

程序执行结果如下：

```
BankManager init
管理员工薪资
董事会投票
```

总经理类同时继承了经理类和董事类，也就能够同时使用在经理类和董事类中定义的方法。

在学习单继承时，如果子类没有显式地定义构造方法，那么会默认调用父类的构造方法。在多继承情况下，子类有多个父类，是不是默认情况下所有父类的构造方法都会被调用呢？从上面的例子可以看出，不是这样的，只有继承列表中的第一个父类的构造方法被调用了。如果子类继承了多个父类且没有自己的构造方法，则父类会按照继承列表中父类的顺序，找到第一个定义了构造方法的父类的方法，并继承它的构造方法。

8.3 封　装

面向对象编程的特性除了继承外还有封装。封装是一个隐藏属性、方法与实现细节的过程。在使用面向对象的编程时，会希望类中的变量或方法只能在当前类中调用。对于这样的需求可以采用将变量或方法设置成私有的方法实现。

封装的语法为：

私有变量：__变量名

私有方法：__方法名()

设置私有变量或私有方法的办法就是在变量名或者方法名前加上"__"（两个下划线），设置私有的目的一是保护类的变量，避免外界对其随意赋值，二是保护类内部的方法，不允许从外部调用。对私有变量可以添加供外界调用的普通方法，用于修改或读取变量的值。

私有变量或方法只能在定义他们的类内部调用，在类外和子类中都无法直接调用。

例 8-15　将银行员工类的员工工号和员工姓名两个变量改为私有，并为其添加访问和修改方法。要求员工的工号必须以字母 a 开头。

例 8-15 的代码如下：

```
class BankEmployee():
    def __init__(self,name="",emp_num="",salary=0):
        #print("创建实例对象，__init__()被调用")
        self.__name=name
        self.__emp_num=emp_num
        self.salary=salary
```

```
    def __del__(self):
        print("实例对象被销毁，__del__()被调用")
    def set_name(self,name):
        self.__name=name
    def get_name(self):
        return self.__name
    def set_emp_num(self,emp_num):
        if emp_num.startswith("a"):
            self.__emp_num=emp_num
    def get_emp_num(self):
        return self.__emp_num
    def check_in(self):
        print("工号%s,%s 打卡签到"%(self.emp_num,self.__name))
    def get_salary(self):
        print("领到这个月的工资了,%d 元"% self.salary)


class BankTeller(BankEmployee):
    def __init__(self,name="",emp_num="",salary=0):
        super().__init__(name,emp_num,salary)


bank_teller=BankTeller("李兵","a0008",10000)
bank_teller.set_name("李冰")
bank_teller.set_emp_num("b7895")
print("修改后的姓名为%s"%(bank_teller.get_name()))
print("员工的工号修改为%s"%(bank_teller.get_emp_num()))
```

程序执行结果如下：

```
修改后的姓名为李冰
员工的工号修改为 a0008
```

将员工工号和员工姓名修改为私有之后，这两个变量就不能在类外直接修改了。为了操作这两个变量，就需要给它们添加 get/set 操作方法。在设置工号时还需要检验新的工号是否以字母 a 开头，只有将工号设置为私有变量才能够达到赋值验证的效果，也才能达到代码封装的目的。良好的封装对代码的可维护性会有极大的提升。

在类中还存在方法名前后都有“__”的方法，这些方法不是私有方法，而是表明这些是 Python 内部定义的方法。开发人员在自定义方法时一定不能在自己的方法名前后都加上“__”。

8.4　多　态

多态一词通常的含义是能够呈现出多种不同的形态或形式。在编程术语中，它的意思是一个变量可以引用不同类型的对象，并且能自动地调用被引用对象的方法，从而根据不同的对象类型，响应不同的操作。继承和方法重写是实现多态的技术基础。

8.4.1　方法重写

方法重写是当子类从父类中继承的方法不能满足子类需求时，在子类中对父类的同名方法进行重写，并符合需求。

例 8-16　定义一个狗类 Dog，它有一个方法 work()，代表其工作，狗的工作内容是“正在受训”；创建一个继承狗类的军犬类 ArmDog，军犬的工作内容是“追击敌人”。

例 8-16 的代码如下：

```
class Dog():
    def work(self):
        print("正在受训")
class ArmyDog(Dog):
    def work(self):
        print("追击敌人")
dog=Dog()
dog.work()
army_dog=ArmyDog()
army_dog.work()
```

程序执行结果如下：

```
正在受训
追击敌人
```

上例中，Dog 类有 work()方法，在其子类 ArmyDog 里根据需求对父类继承的 work()方法进行了重新编写，这种方式就是方法重写。虽然都是调用相同名称的方法，但是因为对象类型不同，从而产生了不同的结果。

8.4.2　实现多态

例 8-17　在例 8-16 的基础上，添加三个新类。

（1）未受训的狗类 UntrainedDog，继承 Dog 类，不重写父类的方法。

（2）缉毒犬类 DrugDog，继承 Dog 类，重写 work()方法，工作内容是“搜寻毒品”。

（3）人类 Person，有一个方法 work_with_dog()，根据与其合作的狗的种类不同，完成不同的工作。

例 8-17 的代码如下：

```
class Dog():
    def work(self):
        print("正在受训")
class UntrainedDog(Dog):
```

```
        pass
class ArmyDog(Dog):
    def work(self):
        print("追击敌人")
class DrugDog(Dog):
    def work(self):
        print("搜寻毒品")
class Person(object):
    def work_with_dog(self,dog):
        dog.work()
p=Person()
p.work_with_dog(UntrainedDog())
p.work_with_dog(ArmyDog())
p.work_with_dog(DrugDog())
```

程序执行结果如下：

```
正在受训
追击敌人
搜寻毒品
```

Person 实例对象调用 work_with_dog()方法，根据传入的对象类型不同产生不同的执行效果。对应 ArmyDog 和 DrugDog 类来说，因为重写了 work()方法，所以在 work_with_dog()方法中调用 dog.with()时会调用他们各自的 work()方法；但是对应 UntrainedDog 类，因为没有重写 work()方法，在 work_with_dog 方法中就会调用其父类 Dog 的 work()方法。

多态的优势为：

（1）可替换性：多态对已存在的代码具有可替换性。

（2）可扩充性：多态对代码具有可扩展性。增加新的子类并不影响已存在类的多态性和继承性，以及其他特性的运行和操作。实际上新增子类更容易获得多态功能。

（3）接口性：多态是父类向子类提供的一个共同接口，由子类来具体实现。

（4）灵活性：多态在应用中体现了灵活多样的操作，提高了使用效率。

（5）简化性：多态简化了应用软件的代码编写和修改过程，尤其是在处理大量对象的运算和操作时，这个特点尤为突出和重要。

8.5　案例实战

例 8-18　使用面向对象技术编写一个“石头、剪刀、布”游戏。游戏规则如下：玩家和他的对手——电脑，两者在同一时间做出特定的手势，必须是石头、剪刀或布。胜利者从规定的规则中产生：布包石头、石头砸剪刀、剪刀剪布为赢。游戏时，玩家输入其手势，电脑随机选一个手势，然后由程序来判定输赢结果。

定义三个类：第一个类是 Computer 类（电脑），该类有属性 name（角色）、score（分数）以及方法 showQuan()（出拳）；第二个类是 Person 类（玩家），该类拥有属性 name（角色）、score(分数）以及方法 showQuan()；第三个类是 Game 类（比赛），该类拥有属性 count（出拳的总次数）、comtw（玩家赢的次数）、countp（平局的次数）、countc（电脑赢的次数）以及方法 begin()（开始评判）、showMessage（显示输赢信息）。

根据以上分析，设计代码如下：

```
import random                                   #导入随机数模块
class Computer():                               #定义电脑类
    def __init__(self):
        a=random.randint(0,2)                   #从 0～2 随机出一个数
        nameList=["刘备","关羽","张飞"]
        self.name=nameList[a]                   #选择角色
        self.score=0
    def showQuan(self):                         #模拟电脑出拳
        a=random.randint(0,2)
        quans=["剪刀","石头","布"]               #定义出拳手势类型
        print("电脑：",self.name, "出了",quans[a])
        return a
class Person():                                 #定义玩家类
    def __init__(self):
        pname=input("选择角色：[0:孙悟空  1:猪八戒  2:沙僧]")
        names=["孙悟空","猪八戒","沙僧"]
        self.name=names[int(pname)]             #选择角色
        self.score=0
    def showQuan(self):
        q=int(input("请您出拳：[0.剪刀  1.石头  2.布]"))
        qs=["剪刀","石头","布"]
        print("玩家：",self.name,"出了",qs[q])
        return q
class Game():                                   #定义比赛类
    def __init__(self):
        self.count=0
        self.countw=0                           #比赛总次数初始值为 0
        self.countp=0                           #玩家赢的次数
        self.countc=0                           #平局的次数
        self.c=Computer()                       #电脑赢的次数
        self.p=Person()
        self.begin()
    def begin(self):                            #开始游戏
        answer=input("是否继续：[Y/N]")
```

```
        while answer=="Y"or answer=="y":
            a=self.p.showQuan()          #调用 Person 类的方法，完成出拳
            b=self.c.showQuan()          #调用 Computer 类的方法，完成出拳#角色和电
脑对战 0.剪刀 1.石头 2.布
            if(a==0 and b==2)or(a==1 and b==0)or(a==2 and b==1):
                self.p.score+=5
                self.countw+=1
                print("恭喜您，赢了")
            elif a==b:
                self.countp+=1
                print("平局")
            else:
                self.c.score+=5
                self.countc+=1
                print("电脑赢")
            self.count+=1
            answer=input("是否继续：[Y/N]")
        self.showMessage()
    def showMessage(self):#显示比赛最终的输赢信息
        print(self.c.name,"VS",self.p.name)
        print("比赛总次数：",self.count),
        print("玩家：",self.p.name,"赢的次数：",self.countw)
        print("平局的次数：",self.countp)
        print("电脑：",self.c.name,"赢的次数：",self.countc)
        if self.c.score<self.p.score:
            print("最终玩家",self.p.name,"赢了")
        elif self.c.score==self.p.score:
            print("最终是平局")
        else:
            print("最终电脑",self.c.name,"赢了")
if __name__=="__main__":
    print("************")
    game=Game()                          #开始游戏
```

运行程序，输出结果如下：

```
选择角色：[0:孙悟空 1:猪八戒 2:沙僧]2
是否继续：[Y/N]y
请您出拳：[0.剪刀 1.石头 2.布]1
玩家：沙僧出了石头
电脑：关羽出了剪刀
```

```
恭喜您，赢了
是否继续：[Y/N]n
关羽 VS 沙僧
比赛总次数：1
玩家：沙僧赢的次数：1
平局的次数：0
电脑：关羽赢的次数：0
最终玩家沙僧赢了
```

例 8-19　王者荣耀是一款非常流行的即时对战类游戏，里面有非常多的游戏角色可供选择。所有的角色都具有以下操作：普通攻击、技能攻击。要求创建两个英雄角色：

（1）关羽，普通攻击 10，技能攻击是“单刀赴会”；

（2）吕布，普通攻击 15，技能攻击是“贪狼之握”，使用时播放旁白“谁敢站我”。

创建一个控制类，能够操纵英雄角色使用普通攻击或技能攻击，使用继承和多态的方式实现。

例 8-19 的代码如下：

```
class BaseModel():
    def __init__(self, normal_attack_point, model_name):
        self.normal_attack_point = normal_attack_point
        self.special_attack = None
        self.model_name = model_name
    def do_normal_attack(self):
        print("%s 使用普通攻击，攻击力为%d"%(self.model_name, self.normal_attack_point))
    def do_special_attack(self):
        print("%s 使用特殊攻击%s" % (self.model_name, self.special_attack))

class GuanyuModel(BaseModel):
    def __init__(self):
        super().__init__(10,"关羽")
        self.special_attack = "单刀赴会"

class LvbuModel(BaseModel):
    def __init__(self):
        super().__init__(15,"吕布")
        self.special_attack = "贪狼之握"
    def do_special_attack(self):
        print("吕布：谁敢战我！！")
        print("%s 使用特殊攻击%s" % (self.model_name, self.special_attack))
```

```
class ModelControl():
    def do_normal_attack(self, model):
        model.do_normal_attack()
    def do_special_attack(self, model):
        model.do_special_attack()
mc = ModelControl()
gy = GuanyuModel()
lb = LvbuModel()
mc.do_normal_attack(gy)
mc.do_special_attack(gy)
mc.do_normal_attack(lb)
mc.do_special_attack(lb)
```

程序程序运行结果如下：

```
关羽使用普通攻击，攻击力为 10
关羽使用特殊攻击单刀赴会
吕布使用普通攻击，攻击力为 15
吕布：谁敢战我!!
吕布使用特殊攻击贪狼之握
```

课 后 习 题

1. 下列选项中，不属于 Python 面向对象三大特性的是（　）。

A.封装　　B.重载　　C.继承　　D.多态

2. 构造方法是类的一个特殊方法，Python 中它的方法名为（　）。

A.与类同名　　B._construct　　C.__init__　　D.new

3. Python 中定义私有属性的方法是（　）。

A.使用 private 关键字　　B.使用 public 关键字

C.使用__XX__定义属性名　　D.使用__XX 定义属性名

4. 设计一个简单的购房商贷月供计算器类，按照以下公式计算总利息和每月还款金额：

（1）总利息=贷款金额*利率；

（2）每月还款金额=（贷款金额+总利息）/贷款年限；

（3）贷款年限不同，利率也不同，这里假定只有如表 8-1 所示的三种年限和利率。

表 8-1　三种年限和利率

年　限	利　率
3 年（36 个月）	6.03%
5 年（60 个月）	6.12%
20 年（240 个月）	6.39%

5. 利用多态特性，编程创建一个手机类 phones，定义打电话方法 call()。创建手机类的两个子类：苹果手机类 IPhone 和 Android 手机类 APhone，并在各自类中重写方法 call()。创建一个人类 Person，定义使用手机打电话的方法 use_phone_call()。

6. 使用面向对象技术编写一个“石头、剪刀、布”游戏。游戏规则如下：

玩家和他的对手——电脑，两者在同一时间做出特定的手势，必须是石头、剪刀或布。胜利者从规定的规则中产生：布包石头、石头砸剪刀或者剪刀剪布为赢。游戏时，玩家输入其手势，电脑随机选一个手势，然后由程序来判定输赢结果。

第 9 章　错误和异常处理

本章重点

1. 错误与异常
2. 异常类
3. 异常处理
4. 断言

本章难点

自定义异常和抛出异常

程序运行过程中不可避免地会因为内在缺陷或者用户使用不当等原因而无法按照预定的流程运行下去，这种在程序运行时产生的例外或违例情况称为异常。在发生异常时如果不及时妥善处理，将导致程序崩溃，无法继续运行。程序员在编写程序的时候，需要进行相应的异常处理。Python 使用异常处理结构来处理可能发生的异常，可以提高程序的容错性和安全性。本章主要介绍错误和异常处理。

9.1　错误与异常的概念

Python 至少有两类不同的错误：语法错误（Syntax Errors）和异常（Exceptions）。

语法错误，也叫解析错误，是初学 Python 编程的人员最容易犯的错误，如下面的例子：

```
>>>while True print( 'Hello world' )
SyntaxError:invalid syntax
```

例子中的语法错误就是在 print 前少了冒号(这是一个死循环)。程序执行过程中，Python 解释器会检测源代码中是否存在语法错误，如果发现语法错误，Python 解释器会给出错误所在的位置及出错原因，并且在最先找到的错误处进行标记。

一条语句或者一个表达式即使没有语法错误，也有可能在执行时出现错误，这种错误也称为异常（非致命性）。严格来说，语法错误和逻辑错误不属于异常，但有些语法错误往往会导致异常。

简单地说，异常是指程序运行时引发的错误。引发错误的原因有很多，例如除零、下标越界、文件不存在、网络异常、类型错误、名字错误、字典键错误、磁盘空间不足等。

如果这些错误得不到正确的处理将会导致程序终止运行。合理地使用异常处理结果可以让程序更加健壮，具有更强的容错性，不会因为用户不小心的错误输入或其他原因而造成程序终止。

异常具有不同类型，常见的内置异常有 ZeroDivisionError、NameError、TypeError 等，这些异常称为标准异常。还有一类异常是用户自定义的。

异常是一个事件，该事件会在程序执行过程中发生，影响程序的正常执行。一般情况下，如果 Python 解释器无法继续执行程序，就会抛出一个异常。这时就需要捕获并处理异常，否则解释器会终止程序的执行。

在 Python 中，异常是以对象的形式实现的，BaseException 类是所有的异常类的父类(也称基类)，而它的子类 Exception 类则是所有内置异常类和用户自定义异常类的父类。Python 中常见的异常类型如表 9-1 所示。

表 9-1　常见异常类型

异常名称	描　述
ArithmeticError	所有数值计算错误的父类
AttributeError	对象没有这个属性
BaseException	所有异常的父类
Exception	常规错误的父类
ZeroDivisionEror	除（或取模）零（所有数据类型）
NameError	未声明/初始化对象（没有属性）
SyntaxError	语法错误
IndexError	序列中没有此索引（index)
KeyError	映射中没有这个键
FileNotFoundError	文件未找到
IndentationError	缩进错误
ValueError	传入无效的参数

9.2　异 常 处 理

Python 中异常处理结构的基本形式是 try…except。如果出现异常并且被 except 子句捕获，则执行 except 子句中的异常处理代码；如果出现异常但是没有被 except 捕获，则继续往外层抛出；如果所有层都没有捕获并处理该异常，则程序终止并将该异常抛给最终用户。

9.2.1　捕获指定异常

Python 异常的捕获使用 try…except 结构，把可能发生异常的语句放在 try 子句里，用 except 子句来处理异常，每一个 try 都必须至少对应一个 except。try…except 语法格式如下：

Try:

可能引发异常的语句块

except 异常类型名称:

进行异常处理的语句块

示例如下：

```
s="Hello Python!"
try :
    print(s[100])
except IndexError:
    print("IndexError...")
print("Continue")
```

try 子句中打印一个不存在的字符串的索引值，except 捕获到这个异常，输出结果：

```
IndexError...
Continue
```

如果没有对异常进行任何预防，那么在程序执行过程中发生 IndexError 异常时，就会中断程序，输出异常提示信息“IndexError:string index out of range”。

如果进行了异常处理，那么当程序发生 IndexError 异常时，Python 解释器会自动寻找 except 语句，except 捕获这个异常，执行异常处理代码，之后程序继续往下执行。这种情况下，不会中断程序。

9.2.2 捕获多个异常

在实际开发中，同一段代码可能会抛出多个异常，需要针对不同的异常类型进行相应的处理。为了支持多个异常的捕获和处理，Python 提供了带有多个 except 的异常处理结构。

捕获多个异常有以下三种方式。

（1）一个 except 同时处理多个异常类型，不区分优先级，格式如下：

try:

可能引发异常的语句块

except(<异常类型 1>,<异常类型 2>,…）:

进行异常处理的语句块

（2）区分异常类型的优先级，格式如下：

try:

可能引发异常的语句块

except <异常类型 1>:

进行异常处理的语句块

except <异常类型 2>:

进行异常处理的语句块

...

这种异常处理结构的语法规则是：

① 执行 try 子句下的语句，如果引发异常，则执行流程会跳到第 1 个 except 语句。

② 如果第 1 个 except 中定义的异常与引发的异常匹配，则执行该 except 中的语句。

③ 如果引发的异常不匹配第 1 个 except，则会依次搜索后面的 except 子句。一旦某个 except 捕获了异常，后面剩余的 except 子句将不会再执行。

如果所有的 except 都不匹配，异常会传递到调用本代码的外层 try 代码中。

示例如下：

```
try:
    num1=input("请输入第 1 个数：")
    num2=input("请输入第 2 个数：")
    print(int(num1)/int(num2))
except ZeroDivisionError
    print("第 2 个数不能为 0")
except ValueError:
    print("只能输入数字")
```

运行程序，输入 0 和 a，输出结果如下：

```
请输入第 1 个数：0
请输入第 2 个数：a
只能输入数字
```

（3）捕获所有类型的异常，格式如下：

```
try:
可能引发异常的代码块
except:
进行异常处理的代码块
```

9.2.3 未捕获到异常

带 else 子句的异常处理结构是一种特殊形式的选择结构。如果 try 子句中的代码抛出了异常，并且被某个 except 捕获，则执行相应的异常处理代码，这种情况下不会执行 else 中的代码；如果 try 中的代码没有抛出任何异常，则执行 else 子句中的代码块。

如果使用 else 子句，那么必须放在所有的 except 子句之后，语法格式如下：

```
try:
    可能引发异常的代码块
except <异常类型 1>:
    异常处理代码块
except <异常类型 2>:
    异常处理代码块
...
else:
代码块                        #try 子句中没有发生异常，则执行此代码块
```

示例代码如下：

```
s='5'
try:
   int(s)
except Exception as e:
   print(e)
else:
   print("No Exception")
```

运行程序，输出信息如下：

```
No Exception
```

9.2.4　try…except…finally 语句

无论是否发生异常，try…except…finally 语句都会执行 finally 子句中的语句块，该语句常用来做一些清理工作以释放 try 子句中申请的资源。

示例代码如下：

```
s='Python'
try:
   int(s)
except Exception as e:
   print(e)
else :
   print("try 内代码块没有异常则执行")
finally:
   print("无论异常发生与否，都会执行该 finally 语句")
```

运行程序，输出信息如下：

```
Invalid literal for int() with base 10:'Python'
无论异常发生与否，都会执行该 finally 语句
```

注意：如果 try 子句中的异常没有被捕获和处理，或者 except 子句、else 子句中的代码出现了异常，那么这些异常将会在 finally 子句执行完后再次被抛出。

9.2.5　断言

断言在形式上比异常处理结构要简单一些，使用断言是编写 Python 程序的一个非常好的习惯。Python 使用 assert 语句来支持断言功能。

assert 的语法格式为：

assert expression,data

上述格式中，assert 后面紧跟一个逻辑表达式 expression，相当于条件；data 通常是一个字符串，表示异常类型的描述信息。

当表达式的结果为 True 时，什么也不做；当表达式的结果为 False 时，则抛出 AssertionError 异常。

assert 的等价语句如下：

```
if not expression:
    raise AssertionError
```

断言的示例如下：

```
>>>assert 2<1,"出现错误了！"
Traceback(most recent call last):
File "<pyshell#5>", line 1, in <module>
assert2<1,"出现错误了！"
AssertionError:出现错误了！
```

9.3　自定义异常和抛出异常

实际开发中，系统提供的异常类型不一定能够满足开发的需要，这时可以创建自定义的异常类。自定义异常类继承自 Exception 类，可以直接继承，也可以间接继承。

内置的异常触发时，系统会自动抛出异常，比如 NameError。但用户自定义的异常需要用户决定什么时候抛出。

当程序出现异常时，Python 会自动抛出异常，也可以通过 raise 语句显式地抛出异常，基本格式如下：

```
raise 异常类                    #引发异常时会隐式地创建对象
raise 异常类对象                #引发异常类实例对象对应的异常
raise                           #重新引发刚刚发生的异常
```

raise 唯一的参数指定要被抛出的异常，它必须是一个异常的实例或者是异常的类（Exception 的子类）。大多数异常的名字都以“Error”结尾，所以实际命名时尽量跟标准的异常命名一致。一旦执行了 raise 语句，其后的语句将不能执行。

下面通过一个案例演示自定义异常和抛出异常：

```
class CustomError(Exception):              #自定义异常类，继承 Exception
def_init_(self,ErrorInfo,name,age):
    super()._init_(self)                   #初始化父类
    self.errorinfo=ErrorInfo
    self.name=name
    self.age=age
def_str_(self):                            #_str_方法是类的特殊方法，功能是转换为字符串
    return self.errorinfo
    if_name_=="_main_"
    try:
    raise CustomError(客户异常，“张三”，18) #主动抛出异常，即实例化一个异常类
```

```
except CustomError as e:                #捕获 CustomError 类携带的信息
print(e,e.name,e.age)
```

本例自定义继承自 Exception 的异常类 CustomError，它有三个属性（errorinfo、name 和 age)和一个方法_str_(打印实例化对象调用)。运行程序，raise 主动抛出异常，即实例一个异常类，同时捕获 CustomError 异常的信息并输出捕获的异常的信息。例如：

客户异常张三 18

9.4　案例实战

例 9-1　在程序运行的过程中，如果发生了异常，可以捕获异常，也可以抛出异常。设计一个程序，在异常处理中同时捕获异常和抛出异常的描述信息。

本案例的实现代码如下：

```
class Test(object):
    def __init__(self,switch):
        self.switch=switch
    def calc(self,a,b):
        try :
            return a/b
        except Exception as result:
            if self.switch:
                print("捕获开启，已经捕获到了异常，信息如下：")
                print(result)
            else:
                raise
a=Test(True)                #重新抛出这个异常，触发默认的异常外理
a.calc(12,0)
print("——————————")
a.switch=False
```

a.calc(12,0)连续两次调用 calc(12,0)方法，通过 switch 开关，第一次捕获到异常处理信息，第二次触发默认的异常处理信息。输出结果如下：

```
捕获开启，已经捕获到了异常，信息如下：
Division by zero
—---------—
Traceback (most recent call last):
  File "C:\Users\Administrator\Desktop\9-1.py", line 17, in <module>
    a.calc(12,0)
  File "C:\Users\Administrator\Desktop\9-1.py", line 6, in calc
```

```
    return a/b
ZeroDivisionError: division by zero
```

例 9-2　设计一个小游戏“谁先走到 17 谁就赢”。规则如下：有两位参赛者，参赛者每次可以选择走 1 步、2 步、3 步；两位参赛者交替走，谁走的路程相加先等于 17 谁获胜；如果一方超过了 17 则判断为输，另一方直接赢得比赛。

要求在控制台交互，无论用户输入什么，程序都不能崩溃，并给出提示，引导用户输入正确的内容，例如输入走几步的时候，如果没有输入 1、2、3 中的任意数字，需要提示输入有误，请重新输入。

例 9-2 的代码如下：

```
def game():

    name1 = input('请输入第一位游戏者的名字:')
    name2 = input('请输入第二位游戏者的名字:')
    destination = 17
    score = 0
    allowed_step = [1,2,3]
    last_name = 'hello'
    print('每一次只能走 1,2,3 步中的一种')
    while 1:
        try:
            first_go = int(input('%s,输入你要走几步：'%name1))
            first = allowed_step[first_go-1]
            score+=fiarst
            if score>destination:
                print('你走超了，%s'%name1)
                break
            print('目前已经走到第%d 步'%score)
            last_name = name1
            if score ==destination:
                break
            after_go = int(input('%s,输入你要走几步：'%name2))
            after = allowed_step[after_go-1]
            score += after
            if score>destination:
                print('你走超了，%s'%name2)
                break
            print('目前已经走到第%d 步' % score)
            last_name = name2
```

```
                if score ==destination:
                    break
            except:
                print('只能输入 1,2,3 三种数字哦')
        print('你赢了,%s'%last_name)

game()
```

运行结果如下：

```
请输入第一位游戏者的名字：a

请输入第二位游戏者的名字：b
每一次只能走 1,2,3 步中的一种

a，输入你要走几步：5
只能输入 1,2,3 三种数字哦

a，输入你要走几步：3
目前已经走到第 3 步

b，输入你要走几步：1
目前已经走到第 4 步

a，输入你要走几步：2
目前已经走到第 6 步

b，输入你要走几步：2
目前已经走到第 8 步

a,输入你要走几步：4
只能输入 1,2,3 三种数字哦

a，输入你要走几步：3
目前已经走到第 11 步

b，输入你要走几步：1
目前已经走到第 12 步

a，输入你要走几步：3
```

```
目前已经走到第15步

b, 输入你要走几步：3
你走超了, b
你赢了, a
```

课 后 习 题

1. 关于程序的异常处理，以下选项中描述错误的是（　）。

A.异常经过妥善处理后，程序可以继续运行

B.异常语句可以与 else 和 finally 关键字配合使用

C.编程语言中的异常和错误是完全相同的概念

D.Python 通过 try、except 等保留字提供异常处理功能

2. 以下选项中，Python 用来捕获特定类型异常的关键字是（　）。

A.except　　B.do　　C.pass　　D.while

3. 以下关于异常处理的描述，正确的是（　）。

A.try 语句中有 except 子句就不能有 finally 子句

B.Python 中，一个 try 子句只能对应一个 except 子句

C.引用一个不存在索引的列表元素会引发 NameError 错误

D.python 中允许使用 raise 语句主动引发异常

4. 下列程序运行以后，会产生（　）异常。

```
>>>a
```

A.SyntaxError　　B.NameError　　C.IndexRrror　　D.KeyError

5.在完整的异常处理结构中，语句出现的正确顺序是（　）。

A.try→except→else→finally　　B.try→else→except→finally

C.try→except→finally→else　　D.try→else→else→except

6. 编写程序，完成以下功能：输入一个学生的成绩，把其成绩转换为 A—优秀、B—良好、C—合格和 D—不合格的形式，最后将学生的成绩打印出来。要求使用 assert 断言处理分数不合格的情况。

7. 编写一个自定义异常类，程序执行过程如下：判断输入的字符串长度是否小于 5，如果小于 5，例如输入长度为 3，则输出“The length of input is 3,expecting at least 5”，如果大于 5，则输出“print success”。

第 10 章　Python 文件操作

本章重点

1. 文件的打开与关闭
2. 文本文件的读写
3. 二进制文件的读写
4. 文件的操作
5. 目录的操作

本章难点

1. 文件的操作
2. 文件对象的使用方法

文件是存储在存储媒介上的信息或数据，信息或数据可以是文字、照片、视频、音频等。文件作为数据永久存储的一种形式，通常位于外部存储器中。文件可以分为文本文件和二进制文件。Python 对文件提供了很好的支持，内置了文件对象以及众多的支持库。本章主要介绍文件的打开和关闭、文件的读写、文件和目录的常见操作等。

10.1　文件的打开和关闭

为了长期保存数据以便重复使用、修改和共享，必须将数据以文件的形式存储到外部存储介质中。文件操作在各类应用软件的开发中占有重要的地位。

按文件中数据的组织形式可以把文件分为文本文件和二进制文件两类。

（1）文本文件：存储的是常规字符串，由若干文本行组成，每行以换行符“\n”结尾，可以使用文本编辑器进行显示、编辑，并且能够直接阅读。例如网页文件、记事本文件、程序源代码文件等。

（2）二进制文件：存储的是字节串 bytes。二进制文件无法直接读取和理解其内容，必须了解其文件结构，使用专门的软件进行解码后才能读取、显示、修改。例如图形图像文件、音视频文件、可执行文件、数据库文件等。

10.1.1　文件的打开

Python 使用 open()函数打开一个文件，并返回一个可迭代的文件对象，通过该文件对象可以对文件进行读写操作。如果文件不存在、访问权限不够、磁盘空间不足或其他原因导致创建文件对象失败，open()函数会抛出一个IOError的异常，并且给出错误码和详细的信息。

open()函数的语法结构如下：

```
fileobject=open(filename[,mode='r'][,buffering=-1][,encoding])
```

参数的含义如下：

（1）filename：要打开的文件名称。

（2）mode：指定打开文件后的处理方式。所有可能取值如表10-1所示。这个参数是非强制的，默认文件访问模式为“rt”（为文本文件时，通常省略标识符“t”）。

（3）buffering：指定了读写文件的缓存模式。0表示不缓存，1表示缓存，大于1表示缓冲区的大小，-1表示缓冲区的大小为系统的默认值。

（4）encoding：指定对文本进行编码和解码的方式，只适用于文本模式。可以使Python支持的任何编码格式（GBK、UTF-8、CP936等），默认值取决于操作系统，Windows下默认值为CP936。

表10-1　文件的打开方式

访问模式	描　述
r	默认模式，以只读方式打开文本文件。如果文件不存在，则抛出异常
w	打开一个文本文件用于写入。如果该文件已存在，则覆盖；如果不存在，则创建新文件
a	打开一个文本文件用于追加。如果该文件已存在，文件指针将会放在文件的结尾。如果不存在，则创建新文件进行写入
rb	打开一个二进制文件用于只读，文件指针放在文件的开头。如果文件不存在，则抛出异常
wb	打开一个二进制文件用于写入。如果该文件已存在，则覆盖；如果不存在，则创建新文件
ab	以二进制格式打开一个文件用于追加。如果该文件已存在，文件指针将会放在文件的结尾；如果不存在，则创建新文件进行写入
r+	打开一个文本文件用于读写，文件指针将会放在文件的开头
w+	打开一个文本文件用于读写，如果该文件已存在，则覆盖；如果不存在，则创建新文件
a+	打开一个文本文件用于读写。如果该文件已存在，文件指针将会放在文件的结尾，文件打开时是追加模式；如果不存在，则创建新文件用于读写
rb+	以二进制格式打开一个文件用于读写，文件指针将会放在文件的开头
wb+	以二进制格式打开一个文件用于读写，如果该文件已存在，则覆盖；如果不存在，则创建新文件
ab+	以二进制格式打开一个文件用于追加。如果该文件已存在，文件指针将会放在文件的结尾；如果不存在，则创建新文件用于读写

10.1.2　文件的关闭

close()方法用于关闭一个已打开的文件。可以将缓冲区的数据写入文件中，然后再关闭文件。关闭后的文件不能再进行读写操作，否则会触发 ValueError 异常。close()方法允许调用多次。

flush()方法将缓冲区的数据写入文件，但是不关闭文件。

需要注意的是，即使写了关闭文件的代码，也无法保证文件一定能够正常关闭。例如，如果在打开文件之后和关闭文件之前发生了错误导致程序崩溃，这时文件就无法正常关闭。在管理文件对象时推荐使用 with 关键字，可以有效避免这个问题。文件在读写结束后会自动关闭，即使是异常引起的结束也是如此。

上下文管理器 with 语句的用法如下：

with open(filename,mode,encoding)as fp:
通过文件对象 fp 读写文件内容的语句

例 10-1　编程新闻稿内容“北京市明天傍晚有雨”，在 news.txt 这个空文件中，写入新闻稿内容“北京市明天傍晚有雨”。

例 10-1 的代码如下：

```
file=open("news.txt",mode='w')
file.write("北京市明天傍晚有雨")
file.close()
```

以上代码可以用 with 来完成：

```
with open("news.txt",mode='w') as file:
    file.write("北京市明天傍晚有雨")
```

10.2　文本文件的读写

文件对象提供了一系列的方法，能让文件访问更加轻松。本节主要介绍如何读写文本文件。

10.2.1　写文件

1. write()

write()方法用于向一个打开的文件中写入指定的字符串。在文件关闭前或缓冲区刷新前，字符串内容存储在缓冲区中，这时在文件中看不到写入的内容。

注意：write()方法不会自动在字符串的末尾添加换行符“\n”。

write()方法的语法格式：fileObject.write(str)。

参数 str：要写入文件的字符串。

返回值：写入的字符长度。

在操作文件时，每调用一次 write()方法，写入的数据就会追加到文件末尾。

例 10-2　下面的代码演示了 write()方法的使用：

```
fp=open("test.txt","w")                    #以写方式打开文本文件
fp.write("My name is Guido van Rossum!\n")
```

```
fp.write("I invented the Python programming language!\n")
fp.write("I love Python!\n")
fp.close()
```

程序运行后，会在当前路径下生成一个名为 test.txt 的文件，打开该文件，可以看到数据成功被写入。

注意：当向文件中写入数据时，如果文件不存在，系统会自动创建一个文件并写入数据；如果文件存在，则清空原来文件的数据，写入新数据。

2. writelines()

writelines()方法把字符串列表写入文本文件，不添加换行符“\n”。

例 10-3　读取文本文件 data.txt 中的所有整数，并按照升序排序后写入文本文件 data_desc.txt 中，代码如下：

```
with open("data.txt","r")as fp:
    data=fp.readlines（）                       #读取所有数据，放入到列表中
    data=[int(line.strip())for line in data]    #提取每行的数据，删除两端空白字符
    data.sort(reverse=False)                    #原地排序
    data=[str(i)+"\n" for i in data]            #生成要写入的列表内容
    with open("data_desc.txt","w") as fp:
        fp.writelines(data)
```

10.2.2　读文件

Python 文件对象提供了三个用于文件读取的方法：read()、readline()和 readlines()。

1. read()方法

read()方法从文件当前位置开始读取 size 个字符串，若无参数 size，则表示读取至文件结束为止。如果多次使用，那么后面读取的数据是从上次读完后的位置开始的。

read()语法结构如下：

fileObject.read([size])

参数 size：从文件中读取的字符数。如果没有指定字符数，那么就表示读取文件的全部内容。

返回值：从文件中读取的字符内容。

例 10-4 下面的代码演示了 read()方法的使用：

```
with open("test.txt","r") as fp:            #生成要写入的列表内容
    content=fp.read(10)
    print(content)
```

运行结果如下：

```
My name is
```

2. readline()方法

该方法每次只读取文件中的一行内容，读取时占用内存小，比较适合大文件。该方法返回一个字符串对象。

readline()语法格式：fileObject.readline()。

返回值：读取的字符串。

例 10-5　下面的代码演示了 readline()方法的使用：

```
with open("test.txt","r") as fp:                    #以只读方式打开文件
    line=fp.readline()
    print("读取第一行：%s"%(line))
    print("-----------华丽的分割线-----------")
    while line:                                     #循环读取每一行
        print(line)
        line=fp.readline()
    print("文件",fp.name,"已经成功分行读出！")
```

程序运行后，在当前的路径下以只读方式读取名为 test.txt 的文本文件，读取第一行内容并打印。之后循环读取每一行的内容，可以看到数据被成功读出。

readline()方法读取的是一行内容，带有换行符“\n”，而且 print()函数默认输出后会以“\n”结束，所以输出时会有空行，运行结果如下：

读取第一行：My name is Guido van Rossum!

----------------华丽的分割线--------------

My name is Guido van Rossum!

I invented the Python programming language

I love Python!

文件 test.txt.已经成功分行读出！

3. readlines()方法

readlines()方法读取文件的所有行，保存在一个列表中，每行作为列表的一个元素，在读取大文件时会比较占用内存。该列表内容可以通过 for 循环进行读取。

readlines()方法语法格式：fileobject.readlines()。

返回值：包含所有行的列表。

例 10-6　下面的代码演示了 readlines()方法的使用：

```
with open("test.txt","r") as fp:
    lines=fp.readlines()
    print(("列表形式存放每一行：%s"%(lines)))
    print("-----------华丽的分割线-----------")
    for line in lines:                              #依次读取每行
        line=line.strip()                           #去掉每行头尾空白字符
        print("读取的数据为：%s"%(line))
    print("文件",fp.name,"已经成功把所有行读出！")
```

程序执行结果如下：

```
列表形式存放每一行：['My name is Guido van Rossum!\n', 'I invented the Python programming language!\n', 'I love Python!\n']
-----------华丽的分割线------------
读取的数据为：My name is Guido van Rossum!
读取的数据为：I invented the Python programming language!
读取的数据为：I love Python!
文件 test.txt 已经成功把所有行读出！
```

10.3　二进制文件的读写

1. 读写一般原则

前面讲述的文本文件的各种方法均可以用于二进制文件，区别在于：二进制文件读写的是 bytes 字节串，示例如下：

```
with open("test.bt","wb")as fp:
    fp.write("abcd")                    #产生异常，需要转换成 bytes
    运行该程序，由于写入的是一个字符串，不是字节串，系统会抛出异常，信息如下：
TypeError    Traceback (most recent call last)
TypeError: a bytes-like object is required, not'str'
```

修改后的程序如下：

```
With open("test.bt","wb+")as fp:
    fp.write(bytes("我爱中国".encode("utf-8")      #转换成字节串，使用 UTF-8 编码
    fp.seek(0)                                   #文件指针定位到开头
    b=fp.read().decode("utf-8")                  #解码方式和编码方式要一致
    print(b)
```

程序运行结果如下：

```
我爱中国
```

可以看出，如果直接用二进制文件格式存储 Python 中的各种对象，通常需要进行繁琐的编解码转换。

2. 二进制文件读写中几个比较常用的模块

1) pickle

Python 提供了标准模块 pickle 用来处理文件中对象的读写，用文件来存储程序中的各种对象称为对象的序列化。

所谓序列化，简单地说就是在不丢失其类型信息的情况下，把内存中的数据转成对象的二进制形式。对象序列化后的形式经过正确的反序列化过程，应该能够准确无误地恢复为原来的对象。

例 10-7 pickle 的示例如下：

```
import pickle                          #导入 pickle 模块
name="张三"
age=20
scores=[65,70,76,80]
with open("test.bt","wb+")as fp:       #以读写方式打开二进制文件
    pickle.dump(name,fp)               #序列化对象，并将结果数据流写入到文件对象中
    pickle.dump(age,fp)
    pickle.dump(scores,fp)
    fp.seek(0)                         #将文件指针移动到文件开头
    print(fp.read()                    #读出文件的全部内容，返回一个字节串
    fp.seek(0)
    name=pickle.load(fp)               #从 fp 中读取一个字符串，并将它重构为原来的 Python 对象
    age=pickle.load(fp)
    scores=pickle.load(fp)
    print(name,";",age,";",scores)
```

程序运行结果如下：

```
b'x801x03XX06x00\00\00\xe5\xbclxaolxe4lxb8\x89q\x00.1x801x14.\x801x03Jq\00(KAKFKLKPe!
张三；20;[65,70,76,80]
```

2) JSON

JSON(JavaScript Object Notation)是一种轻量级的数据交换格式，它采用完全独立于编程语言的文本格式来存储和表示数据。简洁和清晰的层次结构使得 JSON 成为理想的数据交换格式。JSON 易于机器解析和生成，能够有效地提升网络传输效率。

例 10-8 JSON 的使用示例如下：

```
import json
s='''三更灯火五更鸡，正是男儿读书时。黑发不知勤学早，白首方悔读书迟。'''
with open('ex.txt', 'w') as fp:
    json.dump(s,fp)                    #将内容序列化并写入 JSON 文件
with open('ex.txt',"r")as fp:
    print(json.load(fp)) #读取 JSON 文件内容并反序列化，生成一个 Python 对象
```

注意： JSON 不支持集合对象的序列化，需要时可以将集合对象转换成其他对象。

10.4 文件的操作

OS 模块除了提供使用操作系统的功能和访问文件系统的简便方法外，还提供了大量文件和目录操作的方法。

1. 重命名文件

os.rename()方法用于重命名文件或目录，rename()方法的语法格式如下：

os.rename(src,dst)

参数说明：src 是要修改的文件名或目录名，dst 是修改后的文件名或目录名。如果 dst 是一个存在的目录，将抛出 OSError 异常。

返回值：无。

2. 删除文件

s.remove()方法用于删除指定路径的文件。如果指定的路径是一个目录，将抛出 OSError 异常。

remove()方法语法格式：os.remove(path)。

参数：path 是要删除的文件路径。

返回值：无。

例 10-9　下面通过一个案例来演示 rename()和 remove()方法的应用，示例代码如下：

```
import os                                           #导入 OS 模块
print("目录为：%s"%os.listdir(os.getcwd())           #列出当前目录下的文件和子目录
os.rename("test.txt","testl.txt")                   #重命名文件
print("重命名成功！")
print("重命名后目录为：%s"%os.listdir(os.getcwdO))
os.remove("test1.txt")
print("删除成功！")
print("删除后目录为：%s"%os.listdir(os.getcwd())
```

3. 判断是否是文件

os.path.isfile(path)方法判断 path 是否是一个文件，返回值是 True 或者 False。

4. 复制文件

shutil.copy(src,dst)方法将文件 src 复制到文件或目录 dst 中，该函数返回目标文件名。

5. 检查文件是否存在

os.path.exists(path)方法用于检查文件是否存在，返回值是 True 或者 False。

6. 获取绝对路径名

os.path.abspath(path)方法返回 path 的绝对路径名。

例 10-10　获取绝对路径名的示例如下：

```
from os.path import exists,abspath
import shutil
if not exists(r".\1.py"):                           #打印 1.py 文件所在的绝对路径
    with open(r".\1.py","wt")as fp:                 #创建 1.py 文件
        fp.write("print('hello world!')\n")
filename=shutil.copy(r".\1.py","d:\\data")          #复制 1.py 到 d:\data 目录下
print(abspath("1.py"))                              #打印 1.py 文件所在的绝对路径
```

10.5　文件处理中的目录操作

实际开发中，有时需要用程序的方式对文件夹进行一定的操作，比如创建、删除、显示目录内容等，我们可以通过 OS 和 os.path 模块提供的方法来完成。

（1）创建文件夹：os.mkdir(path)方法用于创建目录，目录存在时会抛出 FileExistsError 异常。

（2）获取当前目录：os.getcwd()返回当前工作目录。

（3）改变当前目录：os.chdir(path)改变当前工作目录。

（4）获取目录内容：os.listdir(path)返回 path 指定的目录下包含的文件或子目录的名字列表。

（5）删除目录：os.rmdir(path)删除 path 指定的目录，如果目录非空，则抛出一个 OSError 异常。

（6）判断是否为目录：os.path.isdir(path)方法用于判断 path 是否为目录，返回一个布尔值。

（7）连接多个目录：os.path.join(path,*paths)方法连接两个或多个 path，形成一个完整的目录。

（8）分割路径：os.path.split(path)方法对路径进行分割，以元组方式进行返回。os.path.splitext(path)方法从路径中分割文件的扩展名。os.path.splitdrive(path)从路径中分割驱动器名称。

（9）获取路径：os.path.abspath(path)方法返回 path 的绝对路径；os.path.dirname(path)返回 path 的路径名部分。

例 10-11　演示文件夹的相关操作。编写一个批量修改文件和目录名的小程序，实现文件和目录名前加上 Python-前缀，示例代码如下：

```
import os,os,path                           #导入 OS 模块
folderName='/renameDir/'
dirList=os.listdir(folderName)              #获取指定路径下所有文件和子目录的名字
for name in dirList:                        #遍历输出所有文件和子目录的名字
print("修改前文件名：",name)
    newName='Python-'+name
    print("修改后文件名：",newName)
    os.rename(os,path.join(folderName,name),os.path.join(folderName,newName))
```

10.6　案例实战

例 10-12　编写程序，统计指定目录下所有 Python 源代码文件中不重复的代码行数。只考虑扩展名为 py 的 Python 源文件，严格相等的两行视为重复行。

编写统计不重复代码行数的程序，代码如下：

```
from os.path import isdir,join,isfile
from os import listdir
allLines =[]                                    #保存所有代码行
notRepeatedLines=[]                             #保存不重复的代码行
fileNum=0                                       #文件的数量
codeNum=0                                       #代码总行数

def getLinesCount(directory):
    global allLines
    global notRepeatLines
    global fileNum
    global codeNum
    for filename in listdir(directory):         #获取每个文件和子目录名字
        temp=join(directory,filename)           #合并目录和文件名，组成完整的路径名
        if isdir(temp):                         #递归遍历子文件夹
            getLinesCount(temp)
        if isfile(temp)and temp.endswith(".py"):        #过滤指定.py 类型的文件
            fileNum+=1
            with open(temp,"r",encoding="utf-8")as fp:
                while True:
                    line=fp.readline()
                    if not line:
                        break
                    if line not in notRepeatedLines:
                        notRepeatedLines.append(line)           #记录不重复
                    codeNum+=1
    return(codeNum,len(notRepeatedLines))                       #返回一个元组
path=r"G:\pyexe"
print("代码总行数：{0[0]},不重复的代码行数：{0[1]}".format(getLinesCount(path)))
print("文件数量：{0}".format(fileNum))
```

以上程序执行结果如下：

```
代码总行数：24，不重复的代码行数：23
文件数量：2
```

课后习题

1. 以下方法名中不是文件写操作的是（　）。

A.writelines　　B.write 和 seek　　C.writetext　　D.write

2. 文件 book.txt 在当前程序所在目录内，其内容是一段文本：book。下面代码的输出结果是（　）。

```
txt=open("book.txt","r")
print(txt)
txt.close()
```

A.book.txt　　B.txt　　C.book　　D.以上答案都不对

3. Python 文件读取方法 read(size)的含义是（　）。

A.从头到尾读取文件所有内容

B.从文件中读取一行数据

C.从文件中读取多行数据

D.从文件中读取指定 size 大小的数据，如果 size 为负数或者空，则读到文件结束

4. 给出如下代码：

```
fname=input("请输入要打开的文件：")
fp=open(fname,"r")
for line in fp.readlines():
    print(line)
fp.close()
```

关于上述代码的描述，以下选项中错误的是（　）。

A.通过 fp.readlines()方法将文件的全部内容读入一个字典

B.通过 fp.readlines()方法将文件的全部内容读入一个列表

C. fp.readlines()读取整个文件，返回数据中每一行有换行符“\n”，输出会有空行

D.用户输入文件路径，以文本文件方式读入文件内容并逐行打印

5. 执行如下代码：

```
#coding:utf-8
fname=input("请输入要写入的文件：")
fp=open(fname,"w+")
ls=["好雨知时节，","当春乃发生。","随风潜入夜，","润物细无声。"]
fp.writelines(ls)
fp.seek(0)
for line in fp:
    print(line)
fp.close0
```

以下选项中描述错误的是（　）。

A. fp.writelines(ls)将元素全为字符串的 ls 列表写入文件

B. fp.seek(0)这行代码如果省略，也能打印输出文件内容

C.代码主要功能是向文件写入一个列表类型，并打印输出结果

D.执行代码时，从键盘输入“清明.txt”，则“清明.txt”被创建

6. 使用文件读写方法，创建文件 data.txt 的备份文件 data[复件].txt。要求：读取原文件中的数据，并写入备份文件。

7. 用户输入文件名以及开始搜索的路径，搜索该文件是否存在，存在则返回 True。如果遇到文件夹，则进入文件夹继续搜索。

参 考 文 献

[1] 范晖，于长青，张文胜. Python 大数据基础与实战[M]. 西安：西安电子科技大学出版社，2019.

[2] 江红，余青松. Python 程序设计与算法基础教程[M]. 北京：清华大学出版社，2019.

[3] 徐光侠，常光辉，解绍词，等. Python 程序设计案例教程[M]. 北京：人民邮电出版社，2017.

[4] 戴歆，罗玉军. Python 开发基础[M]. 北京：人民邮电出版社，2018.